国家中等职业教育改革发展示范学校特色教材
（电子技术应用专业）

AutoCAD 入门与提高

辜文娟　刘　虹　主　编
陈金根　余　滔　副主编

中国财富出版社

图书在版编目（CIP）数据

AutoCAD 入门与提高／辜文娟，刘虹主编．—北京：中国财富出版社，2014.10

（国家中等职业教育改革发展示范学校特色教材．电子技术应用专业）

ISBN 978 - 7 - 5047 - 5355 - 7

Ⅰ.①A…　Ⅱ.①辜…②刘…　Ⅲ.①AutoCAD 软件—中等专业学校—教材

Ⅳ.①TP391.72

中国版本图书馆 CIP 数据核字（2014）第 199960 号

策划编辑	崔　旺	责任印制	方朋远
责任编辑	孙会香　惠　婳	责任校对	杨小静

出版发行	中国财富出版社	
社　　址	北京市丰台区南四环西路 188 号 5 区 20 楼	邮政编码　100070
电　　话	010 - 52227568（发行部）	010 - 52227588 转 307（总编室）
	010 - 68589540（读者服务部）	010 - 52227588 转 305（质检部）
网　　址	http://www.cfpress.com.cn	
经　　销	新华书店	
印　　刷	北京京都六环印刷厂	
书　　号	ISBN 978 - 7 - 5047 - 5355 - 7/TP · 0083	
开　　本	787mm×1092mm　1/16	版　次　2014 年 10 月第 1 版
印　　张	12.75	印　次　2014 年 10 月第 1 次印刷
字　　数	257 千字	定　价　28.00 元

前　言

　　AutoCAD 软件是由美国 Autodesk 公司开发的一个计算机辅助绘图软件，凭借其功能强大、易学易用，广泛应用于机械制造、电子技术、建筑、冶金等专业。为了使学生能快速地掌握 AutoCAD 的基础知识和操作技能，编者根据 AutoCAD 课程的性质和教学特点，结合当前中等职业教育理念和中职学生的现状，并总结多年的教学经验，以够用、实用为原则，编写此教材。本书归纳了 AutoCAD 中绘制机械图样的主要内容，全书配合图样讲解常用命令的使用方法，知识点与实例巧妙结合，重点培养学习者应用能力。

　　本书共分为 7 章。第 1 章讲解 AutoCAD 的基本绘图命令；第 2 章讲解 AutoCAD 的编辑与修改命令；第 3 章讲解尺寸标注；第 4 章讲解绘图基础；第 5 章讲解零件图的绘制；第 6 章讲解装配图的绘制；第 7 章讲解图形输出。

　　本书由辜文娟、刘虹担任主编，其中辜文娟负责全书的策划构思，并负责编写第 5 章、第 6 章和第 7 章，刘虹负责大纲的编写及统稿。陈金根、余滔担任副主编，负责编写第 1 章、第 2 章、第 3 章和第 4 章。

　　本书在编写的过程中，得到了许多兄弟院校领导及老师的大力支持和帮助，借此衷心地感谢他们!

　　本书融入了许多教师教学及比赛经验，但由于编者水平有限，难免有不妥之处，欢迎广大读者、同行专家批评指正。

编　者

2014 年 7 月

目 录

1 AutoCAD 基本绘图命令

AutoCAD 基本绘图命令，是 AutoCAD 中最基础，也是最重要的绘图命令。绘图就要先明白如何运用绘图命令，命令该如何结束、撤销或重做。图样分为绘制由直线组成的平面图形，如直线、矩形、正多边形等；绘制由曲线组成的平面图形，如圆、椭圆、样条曲线等。本章将具体讲解如何灵活运用这些基本绘图命令。

1.1 直线命令

功能：用该命令可绘制直线。

操作方法：

（1）菜单：绘图→直线。

（2）图标：点击"绘图"工具栏中 ╱。

（3）输入命令：L 回车。

采用上述任一方法后，有如下情况：

（1）＜正交 开＞命令行提示：line。

指定第一点：回车→指定下一点或［放弃（U）］：指定第一点

指定下一点或［放弃（U）］：指定另一点

（2）输入两点坐标。

（3）根据角度及长度输入，格式为@（长度）＜（角度）。

【实例1－1】使用直线命令绘制如图1－1所示的图形。

操作步骤如下：

（1）新建图层（在后面章节会具体讲解）。单击"标准"工具栏中 ◈ 按钮弹出"选择样板"对话框后，单击 ◈ 按钮新建图层。设置完成后单击 ✓，设所需线层为当前线层。

（2）绘制外部轮廓。单击屏幕下方 正交 按钮，打开正交模式。设"粗实线"为当前层。

命令：＿line 回车：（单击"绘图"工具栏中的 ╱ 按钮，启动直线命令）指定第

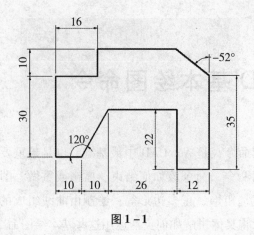

图 1-1

一点：图上任意一点

指定下一点或［放弃（U）］：10（光标向下）

指定下一点或［闭合（C）/放弃（U）］：16 回车（光标向左）

指定下一点或［闭合（C）/放弃（U）］：30 回车（光标向下）

指定下一点或［闭合（C）/放弃（U）］：10 回车（光标向右）

指定下一点或［闭合（C）/放弃（U）］：@20＜60 回车（斜线）

指定下一点或［闭合（C）/放弃（U）］：26 回车（光标向右）

指定下一点或［闭合（C）/放弃（U）］：22 回车（光标向下）

指定下一点或［闭合（C）/放弃（U）］：12 回车（光标向右）

指定下一点或［闭合（C）/放弃（U）］：35 回车（光标向上）

指定下一点或［闭合（C）/放弃（U）］：@100＜142 回车（斜线）

指定下一点或［闭合（C）/放弃（U）］：100（光标向左）

指定下一点或［闭合（C）/放弃（U）］：回车

此图需要再修剪，修剪命令的使用将在后面章节讲解，这里不说明，只讲解直线命令的运用。

1.2　绘圆命令

功能：可以根据已知条件，利用多种方法画圆。

操作方法：

（1）菜单：绘图→圆。

（2）图标：点击"绘图"工具栏中⊙按钮。

采用上述任一方法后，有如下情况：

（1）2P（两点画圆），输入2P，点击圆直径的两个端点。

（2）相切、相切、半径，分别选择两个相切对象相应切点位置。然后输入半径。

（3）圆心、半径，点击圆心输入半径。

（4）圆心、直径，点击圆心输入直径。

（5）3P（三点画圆），输入3P，然后依次点击圆周上的三个点。

（6）相切、相切、相切，在捕捉的情况下，依次选择三个相切的对象的切点。

【实例1-2】 使用绘圆命令把图1-2（a）绘成图1-2（b）。

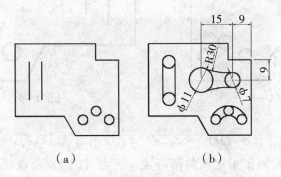

（a）　　　　　　　（b）

图1-2

操作步骤如下：

（1）新建图层（在后面章节会具体讲解）。

（2）两点画圆。

命令：_ CIRCLE 回车指定圆的圆心或［三点（3P）/两点（2P）/相切、相切、半径（T）］：2P 回车

指定圆直径的第一个端点：如图1-3中1

指定圆直径的第二个端点：如图1-3中2

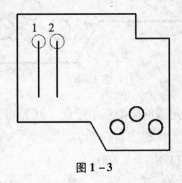

图1-3

效果如图1-4所示。

（3）已知圆心和半径绘圆。绘制直径为 7 的圆。

分析：可利用已知圆心与半径绘制。

命令：_ CIRCLE 指定圆的圆心或［三点（3P）/两点（2P）/相切、相切、半径（T）］："单击图 1-5 所示右上角圈中的直角交点"

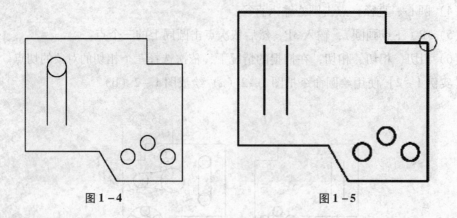

图 1-4   图 1-5

指定圆的半径或［直径（D）］< 2.2909 >：按退出键（Esc）

命令：_ CIRCLE 回车指定圆的圆心或［三点（3P）/两点（2P）/相切、相切、半径（T）］：@ -9，-9 回车

指定圆的半径或［直径（D）］< 2.2909 >：3.5 回车（如图 1-6 所示）

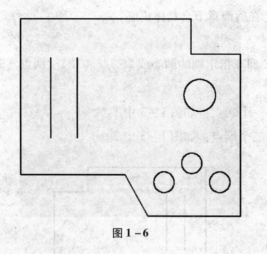

图 1-6

命令：_ CIRCLE 回车指定圆的圆心或［三点（3P）/两点（2P）/相切、相切、半径（T）］：@ -15，0 回车

指定圆的半径或［直径（D）］< 3.5000 >：5.5

（4）相切、相切、半径绘圆。

命令：_ CIRCLE 回车指定圆的圆心或［三点（3P）/两点（2P）/相切、相切、半

径（T）]：t 回车

指定对象与圆的第一个切点：（直径 7 的圆）

指定对象与圆的第二个切点：（直径 11 的圆）

指定圆的半径 <5.5000>：30（光标在两圆的上方）（如图 1-7 所示）

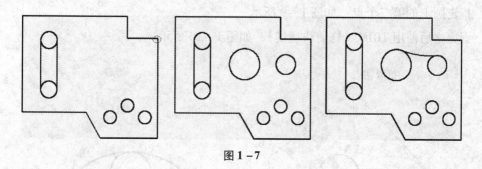

图 1-7

使用 TRIM 修剪多余部分。

下方半径 30 的圆如上同样画法。

（5）三点画圆。点击 对象捕捉 右键，对象捕捉"切点"，如图 1-8 所示，具体设置方法将在第 4 章讲解。

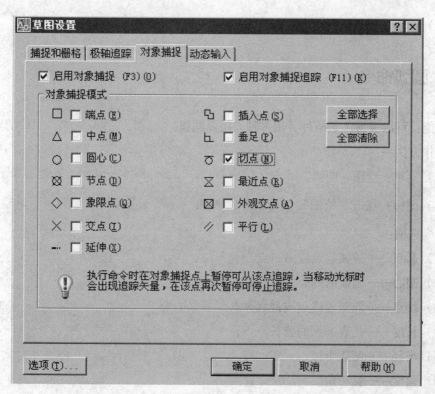

图 1-8

命令：_ CIRCLE 回车指定圆的圆心或［三点（3P）／两点（2P）／相切、相切、半径（T）]：3P

指定圆上的第一个点：如图 1－9 所示

指定圆上的第二个点：如图 1－9 所示

指定圆上的第三个点：如图 1－9 所示

画完之后使用 TRIM（修剪快捷键），如图 1－10 所示。

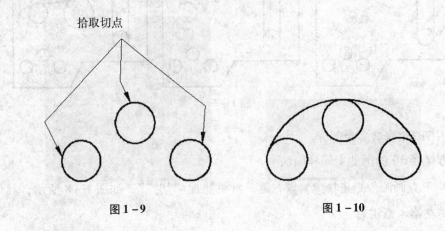

拾取切点

图 1－9　　　　　　　　　　图 1－10

（6）相切、相切、相切。画法与 3P 大致一样。

1.3　圆弧命令

功能：可以根据已知条件，用多种方法画圆弧。

操作方法一：

（1）菜单：绘图→圆弧。

（2）图标：点击"绘图"工具栏中 ⌒ 按钮。

命令选项：

（1）起点——圆弧起点或第一点。

（2）圆心——圆弧的圆心。

（3）端点——圆弧的终点或最后一点。

（4）长度——代表圆弧的弦长。

（5）半径——圆弧半径。

（6）角度——弧心角。

（7）方向——圆弧生成时起点处切线方向。

操作方法二：

调用菜单：绘图→圆弧，可显示如图 1 – 11 所示的画圆弧的下拉菜单，用户可根据需要选择其中的任意一项画圆弧。

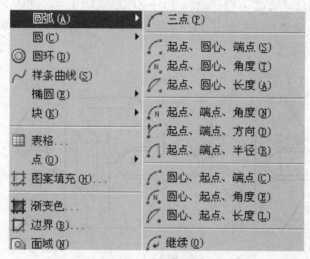

图 1 – 11　圆弧命令选项

【实例 1 – 3】使用圆弧命令把图 1 – 12（a）绘成图 1 – 12（b）。

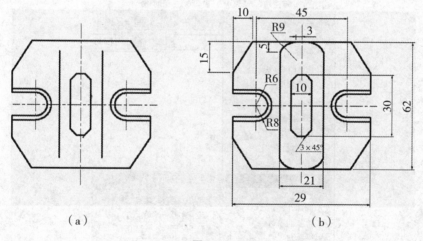

（a）　　　　　　　　　　　　（b）

图 1 – 12

操作步骤如下：

绘制半径 9 的圆弧。

命令：_ OFFSET 回车

指定偏移距离或［通过（T）/删除（E）/图层（L）］<3.0000>：3 回车

选择要偏移的对象，或［退出（E）/放弃（U）］<退出>：回车（拾取竖直中心线）

指定要偏移的那一侧上的点，或［退出（E）/多个（M）/放弃（U）］<退出>：
鼠标点击中心线左侧

命令：_ OFFSET 回车

指定偏移距离或［通过（T）/删除（E）/图层（L）］<3.0000>：5 回车

选择要偏移的对象，或［退出（E）/放弃（U）］<退出>：回车（拾取最上面直线）（如图 1-13 所示）

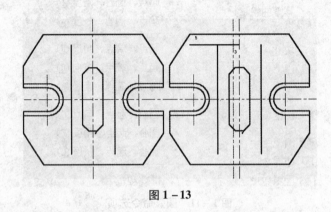

图 1-13

单击如图 1-14 所示的选项。

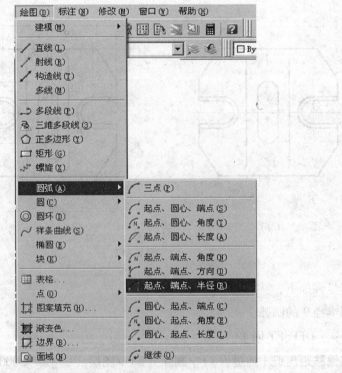

图 1-14

命令：_ arc 指定圆弧的起点或［圆心（C）］：点击起点

指定圆弧的第二个点或［圆心（C）/端点（E）］：点击端点回车（如图 1 – 15 所示）

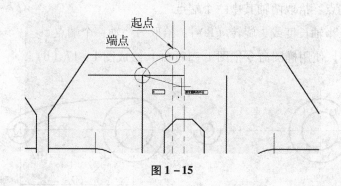

图 1 – 15

指定圆弧的圆心或［角度（A）/方向（D）/半径（R）］：_ R 回车

指定圆弧的半径：9 回车（如图 1 – 16 所示）

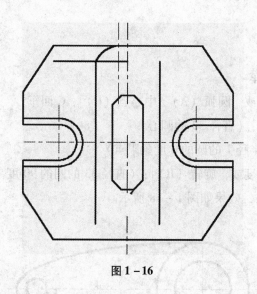

图 1 – 16

1.4 椭圆命令

功能：该命令可以生成椭圆。

操作方法：

（1）菜单：绘图→椭圆。

（2）图标：点击"绘图"工具栏中⬭按钮。

采用上述任一方法后，拾取椭圆圆心，拾取椭圆两轴端点。

命令：_ ellipse 回车

指定椭圆的轴端点或［圆弧（A）／中心点（C）］：C

指定椭圆的中心点：拾取椭圆圆心

指定轴的端点：拾取两轴其中一个端点

指定另一条半轴长度或［旋转（R）］：拾取另一轴一个端点

【实例1-4】使用椭圆命令把图1-17（a）绘成图1-17（b）。

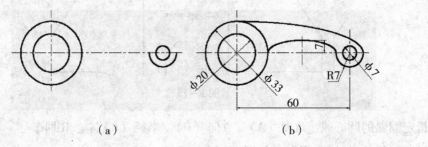

（a）　　　　　　　　（b）

图1-17

操作步骤如下：

（1）新建图层。

命令：_ ellipse 回车

指定椭圆的轴端点或［圆弧（A）／中心点（C）］：C 回车

指定椭圆的中心点：（直径33的圆心）

指定轴的端点：（半径7的圆的0度象限点）

指定另一条半轴长度或［旋转（R）］：（直径33的圆的90度象限点）

（2）修剪多余线条，效果如图1-18所示。

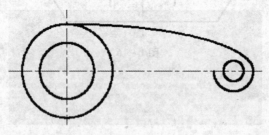

图1-18

命令：_ LINE 回车 指定第一点：（半径7的圆的180度象限点）

指定下一点或［放弃（U）］：（直径33的圆的0度象限点）

指定下一点或［放弃（U）］：回车

命令：_ LINE 指定第一点：（上一步的直线的中点）

指定下一点或 ［放弃（U）］：7 回车（正交模式打开，光标向上）

指定下一点或 ［放弃（U）］：回车

命令：_ ellipse 回车

指定椭圆的轴端点或 ［圆弧（A）／中心点（C）］：C

指定椭圆的中心点：拾取中点

指定轴的端点：拾取 R7 圆 180 度象限点

指定另一条半轴长度或 ［旋转（R）］：拾取直径 33 圆 0 度象限点

（3）修剪并删除多余线条。

1.5 矩形命令

功能：该命令可以画矩形。

操作方法：

（1）菜单：绘图→矩形。

（2）图标：点击 "绘图" 工具栏中□按钮。

采用上述任一方法后，有如下情况：

（1）直角矩形。

（2）有倒角的矩形。

（3）有圆角的矩形。

【实例 1 – 5】 绘制如图 1 – 19 所示的矩形。

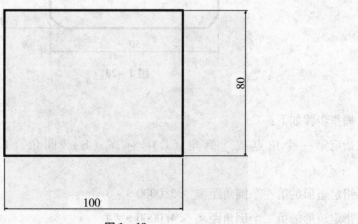

图 1 – 19

操作步骤如下：

新建图层。

方法一：

命令：_ rectang 回车

指定第一个角点或［倒角（C）/标高（E）/圆角（F）/厚度（T）/宽度（W）］：
（任意一点）

指定另一个角点或［面积（A）/尺寸（D）/旋转（R）］：@100，80 回车

方法二：

命令：_ rectang 回车

指定第一个角点或［倒角（C）/标高（E）/圆角（F）/厚度（T）/宽度（W）］：
（任意一点）

指定另一个角点或［面积（A）/尺寸（D）/旋转（R）］：D 回车

指定矩形的长度 <100.0000>：100 回车

指定矩形的宽度 <80.0000>：80（回车二次）

【实例1-6】绘制如图1-20所示的矩形。

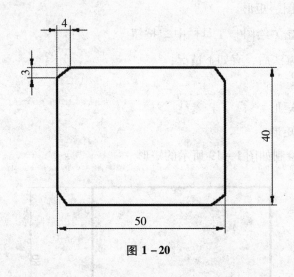

图 1-20

操作步骤如下：

指定第一个角点或［倒角（C）/标高（E）/圆角（F）/厚度（T）/宽度
（W）］：c

指定矩形的第一个倒角距离 <3.0000>：3

指定矩形的第二个倒角距离 <4.0000>：4

指定第一个角点或［倒角（C）/标高（E）/圆角（F）/厚度（T）/宽度（W）］：
点击屏幕任意一点

指定另一个角点或［面积（A）/尺寸（D）/旋转（R）］：@50，-40 回车

【实例1-7】 绘制如图1-21所示的矩形。

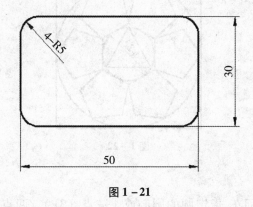

图1-21

操作步骤如下：

指定第一个角点或［倒角（C）/标高（E）/圆角（F）/厚度（T）/宽度（W）］：f

指定矩形的圆角半径 ＜5.0000＞：5

指定第一个角点或［倒角（C）/标高（E）/圆角（F）/厚度（T）/宽度（W）］：点击屏幕任意一点

指定另一个角点或［面积（A）/尺寸（D）/旋转（R）］：@50，－30回车

1.6　正多边形命令

功能：该命令可以绘制正多边形。

操作方法：

（1）菜单：绘图→正多边形。

（2）图标：点击"绘图"工具栏中 ⬡ 按钮。

采用上述任一方法后，有如下情况：

（1）根据中心点进行绘制。

指定正多边形的中心点或［边（E）］：点击正多边形中心

输入选项［内接于圆（I）/外切于圆（C）］：I 或 C

（2）根据边进行绘制。

指定正多边形的中心点或［边（E）］：E

【实例1-8】 绘制如图1-22所示的多边形。

操作步骤如下。

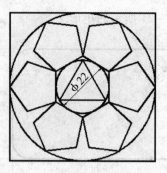

图 1 – 22

（1）新建图层。

命令：_ CIRCLE 回车 指定圆的圆心或 [三点（3P）/两点（2P）/相切、相切、半径（T）]：（任意一点）

指定圆的半径或 [直径（D）]：11 回车

命令：_ POLYGON 输入边的数目 <4>：3 回车

指定正多边形的中心点或 [边（E）]：（圆心）

输入选项 [内接于圆（I）/外切于圆（C）] <I>：I 回车

（2）指定圆的半径，如图 1 – 23 所示。

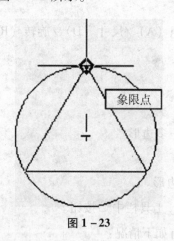

象限点

图 1 – 23

命令：_ POLYGON 回车 输入边的数目 <3>：6 回车

指定正多边形的中心点或 [边（E）]：拾取圆心

输入选项 [内接于圆（I）/外切于圆（C）] <I>：C 回车

（3）指定圆的半径，如图 1 –24 所示。

命令：_ POLYGON 回车 输入边的数目 <6>：5 回车

指定正多边形的中心点或 [边（E）]：E 回车

指定边的第一个端点：指定边的第二个端点（如图 1 –25 所示）

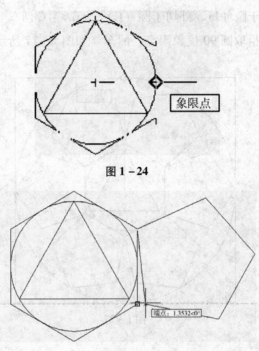

图 1 – 24

图 1 – 25

（4）重复命令完成多次命令。

命令：_ CIRCLE 回车指定圆的圆心或［三点（3P）／两点（2P）／相切、相切、半径（T）］

指定圆的半径或［直径（D）］＜11.0000＞：点击五边形顶点（如图 1 – 26 所示）

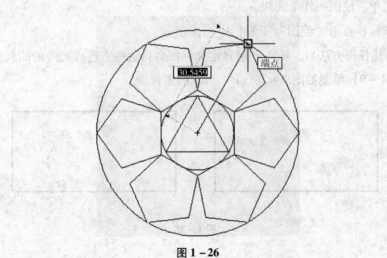

图 1 – 26

命令：_ POLYGON 输入边的数目 ＜5＞：4 回车

指定正多边形的中心点或［边（E）］：圆心

输入选项［内接于圆（I）/外切于圆（C）］＜C＞：C 回车

指定圆的半径：拾取圆 90 度象限点，回车（如图 1－27 所示）

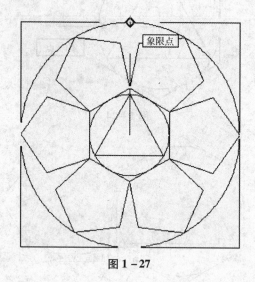

象限点

图 1－27

1.7　样条命令

功能：样条曲线是一组点定义的一条光滑曲线。

操作方法：

（1）菜单：绘图→样条曲线。

（2）图标：点击"绘图"工具栏中 $\curvearrowright$ 按钮。

采用上述任何方法后，输入一组自定义点便会将这些点连成光滑的曲线。

【实例 1－9】绘制如图 1－28（b）所示的多样线。

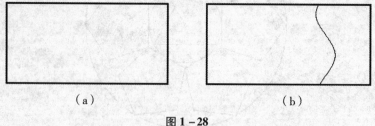

（a）　　　　　　　　　　　（b）

图 1－28

操作步骤如下：

新建图层。

命令：_ SPLINE（用于断裂处边界线；视图与剖视图的分界线。）

指定第一个点或［对象（O）］：拾取图形右上角点

指定下一点或［闭合（C）／拟合公差（F）］＜起点切向＞：（任意点）

指定下一点或［闭合（C）／拟合公差（F）］＜起点切向＞：（任意点）

指定下一点或［闭合（C）／拟合公差（F）］＜起点切向＞：（任意点）

指定下一点或［闭合（C）／拟合公差（F）］＜起点切向＞：（任意点）

指定下一点或［闭合（C）／拟合公差（F）］＜起点切向＞：（任意点）回车两次

1.8 点命令

功能：绘制点，主要用于对象的定数等分和定距等分。

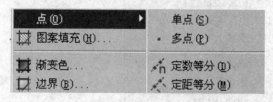

图 1 - 29 点命令选项

1. 定数等分命令

操作方法：

功能：该命令可以将某一条直线或曲线平均分成几个相等的部分。

菜单：绘图→点→定数等分，如图 1 - 29 所示。

2. 定距等分命令

功能：该命令可以将某一条直线或曲线分成相等的距离标记点。

操作方法：

菜单：绘图→点→定距等分，如图 1 - 29 所示。

【实例 1 - 10】把长度为 90mm 的直线绘制等分为 3 份，如图 1 - 30 所示。

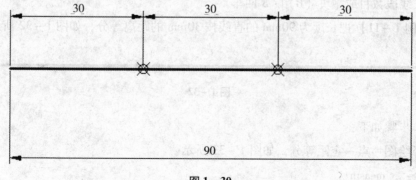

图 1 - 30

操作步骤如下：

选择绘图→点→定数等分，如图 1 – 31 所示。

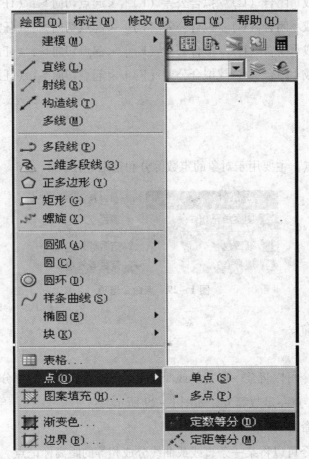

图 1 – 31

命令：_ divide

选择要定数等分的对象：选择长度为 90 的直线

输入线段数目或［块（B）］：3 回车

【实例 1 – 11】把长度为 90mm 的直线按 30mm 的距离等分，如图 1 – 32 所示。

图 1 – 32

操作步骤如下：

选择绘图→点→定距等分，如图 1 – 33 所示。

命令：_ measure

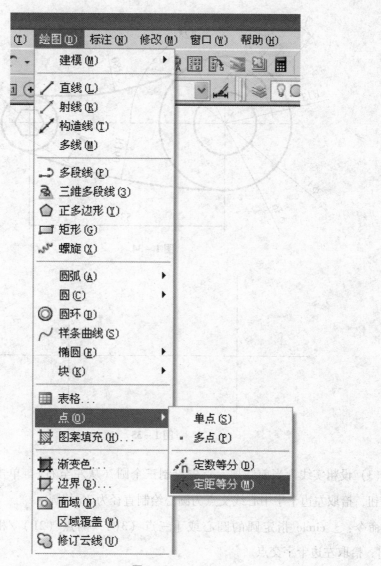

图 1-33

选择要定距等分的对象：点击长度为 90mm 直线

指定线段长度或［块（B）］：30 回车

【综合实例】绘制如图 1-34 所示的图形。

操作步骤如下：

（1）新建图层。

（2）设细点画线为当前层，取任意一点为起始点画一条横向中心线距离为53。再以两边端点为起始点分别画一根纵向中心线，选中横向中心线点击任意一端蓝点将其拖至超出纵向中心线，使用相同方法完成另外一端横向中心线的拖曳和纵向中心线的拖曳，如图 1-35 所示。

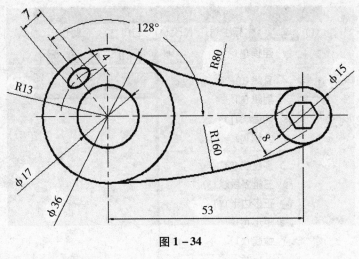

图 1 - 34

图 1 - 35

（3）设粗实线为当前线层，首先绘制三个圆（从左至右），单击绘图工具栏中的
⊘按钮，拾取左边十字中心线交点为圆心绘制直径为 36 的圆。

命令：_ circle 指定圆的圆心或 ［三点（3P）/两点（2P）/相切、相切、半径
（T）］：拾取左边十字交点

指定圆的半径或 ［直径（D）］：18 回车

同样方法绘制直径 17 和直径 15 的圆，如图 1 - 36 所示。

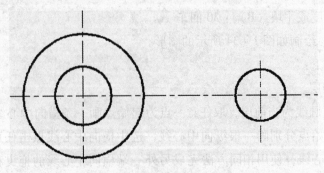

图 1 - 36

（4）绘制右边正六边形。单击绘图工具栏中⬡按钮，输入正多边形边数6；拾取右边十字中心线交点为中心绘制直径为8的正六边形，如图1-37所示。

命令：_ polygon 输入边的数目 <6>：6回车

指定正多边形的中心点或［边（E）］：拾取直径为15的圆的圆心

输入选项［内接于圆（I）／外切于圆（C）］<I>：I回车

指定圆的半径：4回车

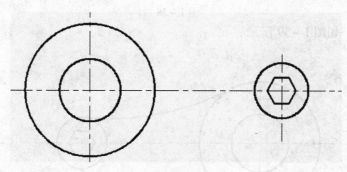

图1-37

（5）绘制两条圆弧。单击绘图工具栏中⊘按钮，输入命令"T空格"，拾取左右两个圆上半部分的内侧切点，拾取完成后输入圆的半径80；同样拾取两个圆下半部分的外侧切点，拾取完成后输入圆的半径160，然后输入命令"tr空格两次"（修剪命令）把绘制出来的圆多余部分修剪掉，完成两条圆弧。

命令：_ circle 指定圆的圆心或［三点（3P）／两点（2P）／相切、相切、半径（T）］：t回车

指定对象与圆的第一个切点：拾取直径36圆内侧切点

指定对象与圆的第二个切点：拾取直径15圆内侧切点

指定圆的半径 <80.0000>：80回车

命令：_ circle 指定圆的圆心或［三点（3P）／两点（2P）／相切、相切、半径（T）］：t

指定对象与圆的第一个切点：点击直径为36圆外侧切点

指定对象与圆的第二个切点：点击直径为15圆外侧切点

指定圆的半径 <80.0000>：160回车

修剪部分内容将在后面章节讲解。

完成圆弧绘制如图1-38所示。

（6）设细点画线为当前层；以左边十字中心线交点为中心点绘制一个半径为13的细点画线圆，再在同一中心为起始点绘制一根长度任意角度为128度的角度线，然后

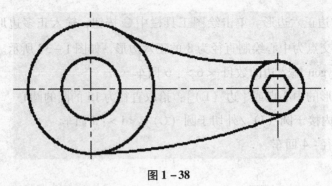

图 1-38

修剪多余线条，如图 1-39 所示。

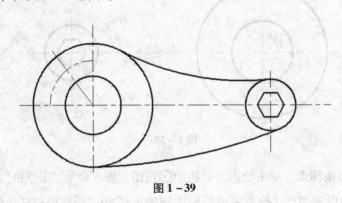

图 1-39

（7）在外面任意绘制一个长度为 7 高度为 4 的十字中心线，如图 1-40 所示。

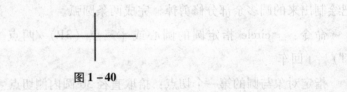

图 1-40

（8）设粗实线为当前层；单击绘图工具栏中 ⬭ 按钮，输入"c 空格"拾取圆心，并拾取两轴的两个端点绘制椭圆，如图 1-41 所示。

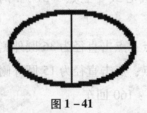

图 1-41

（9）单击修改栏中 ↻ 按钮，拾取椭圆中心点，输入旋转角度 38 度，完成椭圆旋转，如图 1-42 所示。

（10）单击修改栏中 ✛ 按钮，选中椭圆后单击鼠标右键，拾取椭圆中心点，将椭

图 1 – 42

圆进行移动，移动完成后删除掉椭圆原有的中心线，如图 1 – 43 所示。

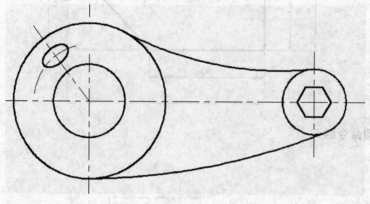

图 1 – 43

练习题

一、直线命令练习

习题一：

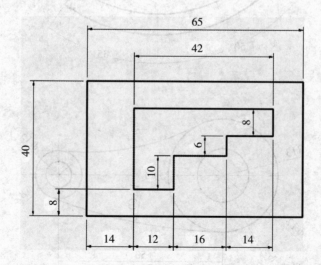

习题二：

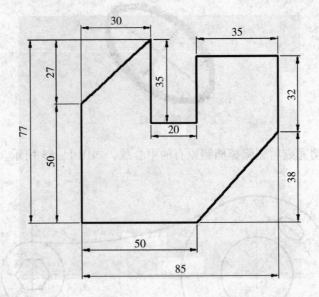

二、绘圆命令练习

习题一：

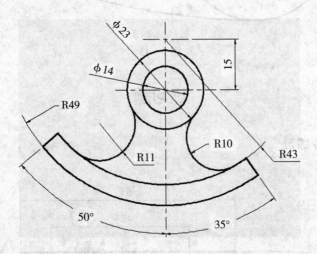

习题二：

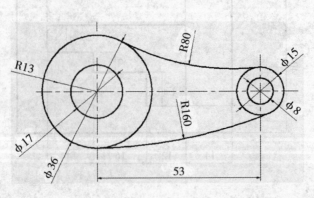

三、圆弧命令练习

习题一:

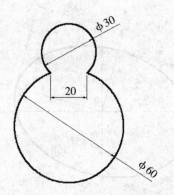

习题二:

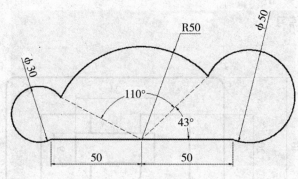

四、椭圆命令练习

习题一:

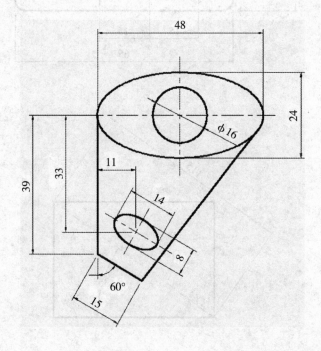

习题二：

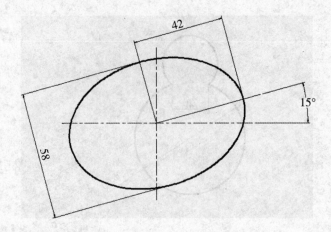

五、矩形命令练习

习题一：

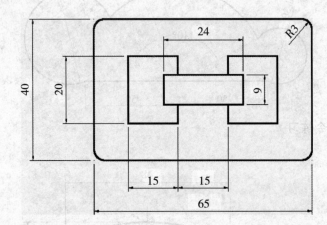

习题二：

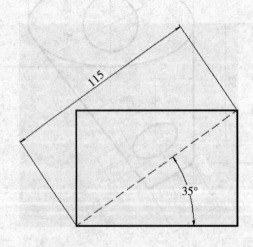

六、正多边形命令练习

习题一：

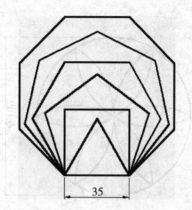

习题二：

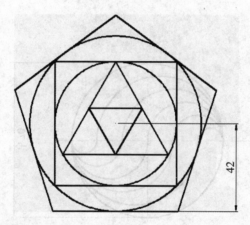

七、样条曲线命令练习

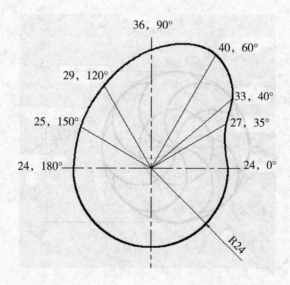

八、定数分距命令练习

习题一：

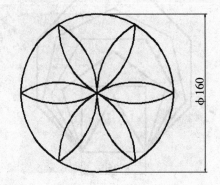

习题二：

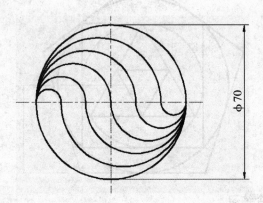

习题三：

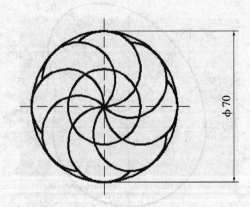

习题四：

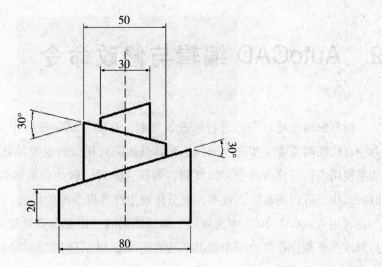

2 AutoCAD 编辑与修改命令

图形编辑就是对图形进行修改、复制、移动、删除等操作。使用前面学习的绘图命令在绘图时需要一步一步进行，就算是相同或相似的也要如此，绘图效率大大降低。如果使用编辑与修改命令，如复制、偏移、阵列、移动和旋转等命令来绘制相同或相似的结构，可以提高绘图效率，充分体现出计算机绘图的优势。

利用 AutoCAD 2007 中文版时，编辑图形的工作要占到总量的一大半。因此，编辑与修改图形是计算机绘图中极其重要的环节，灵活运用图形编辑命令，对于提高自身绘图能力非常重要。

2.1 编辑命令

2.1.1 放弃命令

功能：取消上一次命令操作。

操作方法：单击标准工具栏中 ↶ 按钮（快捷键：Ctrl + Z）。

注：放弃命令不能取消，如 PLOT、SAVE、OPEN、NEW、COPYCLIP 等命令。

2.1.2 重做命令

功能：重做用放弃命令所放弃的命令操作。

操作方法：单击标准工具栏中 ↷ 按钮。

2.1.3 剪切命令

功能：将对象复制到剪贴板并从中删除此对象。

操作方法：单击标准工具栏中 ✂ 按钮。

2.1.4 粘贴命令

功能：把对象粘贴到剪贴板中。

操作方法：单击标准工作栏中 📋 按钮。

2.1.5 用夹点编辑图形

功能：可使对象进行形变。

操作方法：选中一个目标，单击一个蓝色夹点再单击鼠标右键完成拉伸、移动、旋转、镜像和对比缩放对象，如图 2-1~图 2-5 所示。

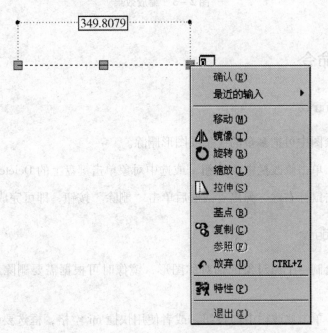

图 2-1 选中目标

图 2-2 拉伸效果

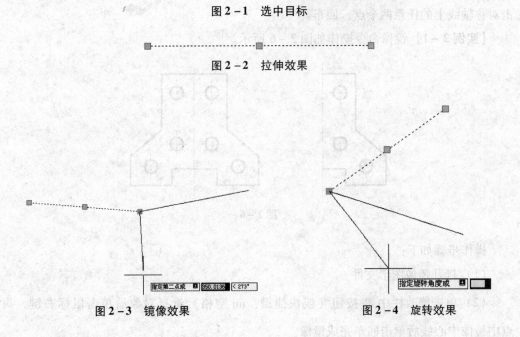

图 2-3 镜像效果   图 2-4 旋转效果

缩放后：

缩放前：

图 2 - 5 缩放效果

2.2 修改命令

2.2.1 删除命令

功能：在绘图中可把多余的线条或图形删除。

操作方法：单击修改栏中✐按钮，或选中对象单击键盘上的 Delete 键（删除）；或选中对象，单击鼠标右键，弹出对话框后单击"删除"按钮，即可完成删除操作。

2.2.2 镜像命令

功能：可绘制一个原对象的轴对称图形，镜像时可根据需要删除原图，也可以保留原图。

操作方法：单击修改栏中⚠按钮，或者使用快捷 mi 空格，框选要镜像的对象，点击对称轴线上的任意两个点，回车。

【实例 2 - 1】镜像命令操作如图 2 - 6 所示。

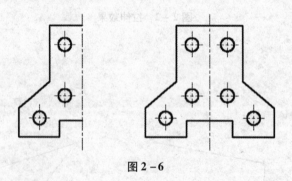

图 2 - 6

操作步骤如下：

（1）打开镜像图形文件。

（2）单击修改栏中⚠按钮（或快捷键：mi 空格）选择对象后单击鼠标右键，再点中镜像中心线后单击回车完成镜像。

命令：_ mirror

选择对象：指定对角点：找到 16 个（鼠标左键选择需要镜像的对象或可使用框选）回车

选择对象：指定镜像线的第一点：指定镜像线的第二点：（中心线的两个端点）

要删除源对象吗？[是（Y）/否（N）] <N>：回车

2.2.3　偏移命令

功能：可将所选对象生成原对象的等距曲线。

操作方法：单击修改栏中 ⟳ 按钮（或快捷键 O 空格），选择要偏移的对象，输入偏移的距离，选择偏移的方向。

【实例 2-2】偏移绘制如图 2-7 所示。

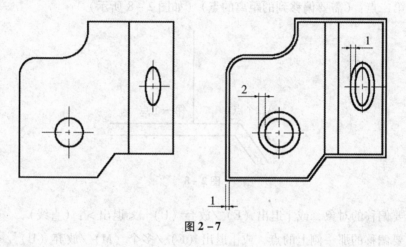

图 2-7

操作步骤如下：

（1）新建图层。

（2）单击"标准"工具栏中 ≋ 按钮弹出"选择样板"对话框后，单击 ⟟ 按钮新建图层，设置完成后单击 ✓ 设粗实线为当前线层。

命令：_ offset 回车

指定偏移距离或[通过（T）/删除（E）/图层（L）] <通过>：1 回车

选择要偏移的对象，或[退出（E）/放弃（U）] <退出>：（单击外框任意一点）

指定要偏移的那一侧上的点，或[退出（E）/多个（M）/放弃（U）] <退出>：（光标置于外框外部）回车

选择要偏移的对象，或[退出（E）/放弃（U）] <退出>：（单击椭圆中任意一点）

指定要偏移的那一侧上的点，或[退出（E）/多个（M）/放弃（U）] <退出>：

— 33 —

（光标置于椭圆外部）回车

选择要偏移的对象，或［退出（E）/放弃（U）］＜退出＞：U回车

命令：_ offset 回车

指定偏移距离或［通过（T）/删除（E）/图层（L）］＜1.0000＞：2回车

选择要偏移的对象，或［退出（E）/放弃（U）］＜退出＞：（单击圆中任意一点）

指定要偏移的那一侧上的点，或［退出（E）/多个（M）/放弃（U）］＜退出＞：（光标置于圆外部）回车

选择要偏移的对象，或［退出（E）/放弃（U）］＜退出＞：回车

命令：_ offset

指定偏移距离或［通过（T）/删除（E）/图层（L）］＜4.1478＞：（单击垂直直线下方端点）

指定第二点：（需要偏移到的距离的点）（如图2-8所示）

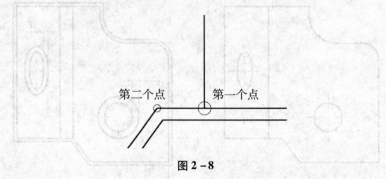

图2-8

选择要偏移的对象，或［退出（E）/放弃（U）］＜退出＞：（直线）

指定要偏移的那一侧上的点，或［退出（E）/多个（M）/放弃（U）］＜退出＞：（光标移动至直线左边）回车

完成偏移命令的绘制，如图2-9所示。

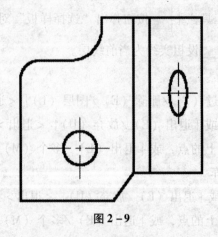

图2-9

2.2.4 阵列命令

功能：把所选对象以矩形或环形阵列的形式复制。

操作方法：

（1）矩形阵列。点击修改栏中 ⊞ 按钮，弹出如图 2–10 所示对话框，输入行数与列数，输入行偏移距离（遵循左负右正原则），输入列偏移距离（遵循上正下负原则），如果有角度输入相应角度值，最后选择阵列的对象，回车两次。

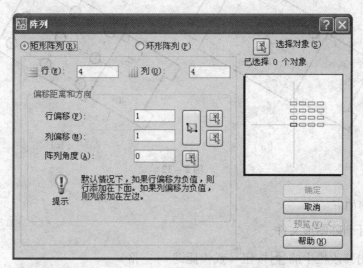

图 2–10 "矩形阵列"对话框

（2）环形阵列。点击修改栏中 ⊞ 按钮，弹出如图 2–11 所示对话框。

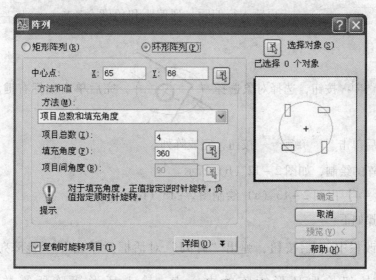

图 2–11 "环形阵列"对话框

点击 中心点 X: 65 Y: 68 ⊞ 方法和值 选择中心旋转点，输入 项目总数(I): 4 项目总数，输入填充角度（即整个要阵列的对象角度和） 填充角度(F): 360 ，选择

对象 选择对象(S) ，回车两次。

【实例 2－3】 由图 2－12（a）绘制图 2－12（b）。

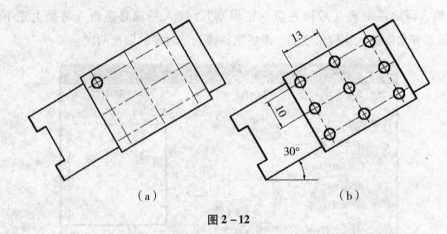

（a）　　　　　　　　　（b）

图 2－12

操作步骤如下：

（1）打开列阵图形文件。

（2）单击修改栏中的 田 按钮（或快捷键 ar 空格）。

矩形阵列：单击修改栏中的 田 按钮，弹出"阵列"对话框后输入行数和列数

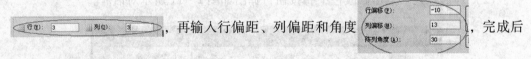

，再输入行偏距、列偏距和角度 行偏移(R): -10 列偏移(M): 13 阵列角度(A): 30 ，完成后

点击 选择对象(S) 按钮，选择对象选择 ，完后单击鼠标右键，弹出"阵

列"对话框后单击 确定 按钮，完成阵列。

完成矩阵的绘制，如图 2－12（b）所示。

【实例 2－4】 由图 2－13（a）绘制图 2－13（b）。

操作步骤如下：

单击修改栏中的 田 按钮，弹出"阵列"对话框后单击 ○ 环形阵列(P)，单击

后点击 按钮拾取环形矩阵的中心点，输入环形矩阵所需数量和角度

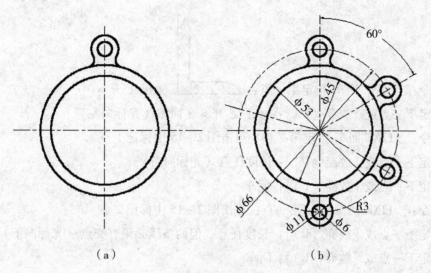

（a） （b）

图 2 - 13

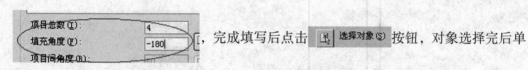

，完成填写后点击 选择对象(S) 按钮，对象选择完后单

击鼠标右键，弹出"阵列"对话框后单击 确定 按钮，完成环形阵列。

2.2.5 移动命令

功能：可将所选对象任意移动至所需位置。

操作方法：点击修改栏 按钮（或快捷键 M 空格），框选对象后，指定移动的基点，移到所在位置点位。

【实例 2 - 5】将图 2 - 14（a）绘制成图 2 - 14（b）。

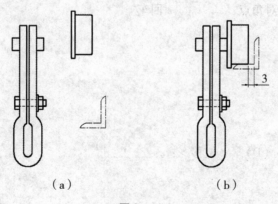

（a） （b）

图 2 - 14

操作步骤如下。

命令：_ LINE 回车 指定第一点： <正交 开>

指定下一点或 [放弃 (U)]： <正交 开> 3 回车（光标向左）

命令：_ LINE 回车 指定第一点：点击图 2 – 15 中标记 1 点。

指定下一点或 [放弃 (U)]：长度任意（光标向右）

指定下一点或 [放弃 (U)]：回车

命令：_ LINE 回车 指定第一点：点击图 2 – 15 中标记 2 点

指定下一点或 [放弃 (U)]：长度任意，但两条线必须有交点（光标向下）

指定下一点或 [放弃 (U)]：回车

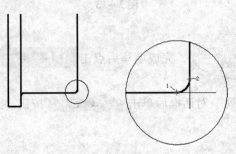

图 2 – 15

单击修改栏中 ✛ 按钮。

选择对象：指定对角点： 回车

定基点或 [位移 (D)] <位移>：

指定第二个点或 <使用第一个点作为位移>： <正交 关>

删除多余线条。

命令：_ move 回车

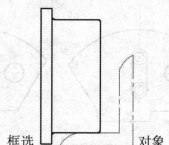

选择对象：指定对角点：框选　　　　　　　对象

指定基点或［位移（D）］＜位移＞：指定第二个点或 ＜使用第一个点作为位移＞：

单击修改栏中的 ✛ 按钮（或快捷键 m 空格），选择完对象后单击鼠标右键，拾取移动基点后即可把对象移至任意位置（如图 2－16 所示）。

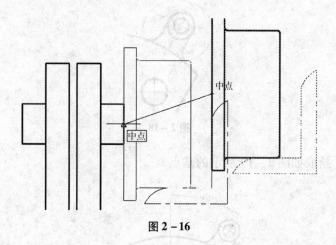

图 2－16

2.2.6　旋转命令

功能：把选中的目标围绕指定点旋转。

操作方法：点击修改栏中 ↻ 按钮，框选需要旋转的对象，点击旋转基点，输入角度，回车。

【**实例 2－6**】绘制如图 2－17（b）所示的旋转。

操作步骤如下：

（1）打开旋转图形文件。

（2）单击修改文件栏中 ↻ 按钮进行选择对象，选择完成后单击鼠标右键，然后选择旋转中心，出入旋转角度 －50 度。

命令：_ rotate

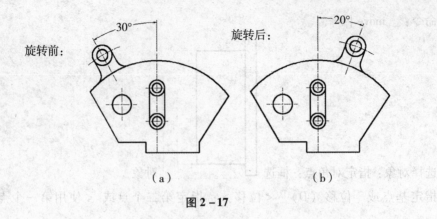

图 2 – 17

选择对象：框选如图 2 – 18 所示的区域对象

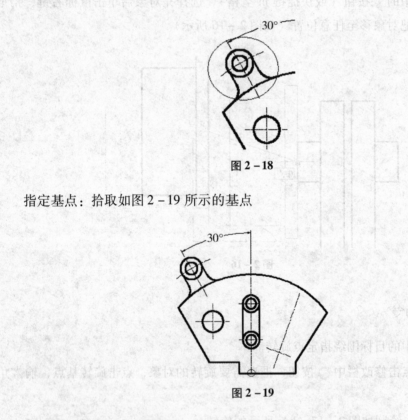

图 2 – 18

指定基点：拾取如图 2 – 19 所示的基点

图 2 – 19

指定旋转角度，或［复制（C）／参照（R）］< 0 >：－50 回车

完成旋转的绘制，结果如图 2 – 16（b）所示。

2.2.7　缩放命令

功能：把对象按照比例进行放大或缩小。

操作方法：单击修改栏中 按钮，框选对象，选择基点，输入比例（如果小于 1

为缩小，大于 1 为方法）。

【**实例 2 - 7**】缩放命令绘制如图 2 - 20 所示。

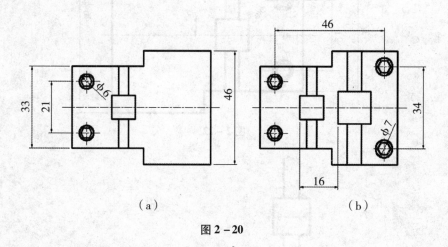

（a） （b）

图 2 - 20

操作步骤如下：

（1）点击菜单→修改→缩放，或点击"绘图"工具栏中 按钮，或输入命令 SC。先将图 2 - 21 中圈的线往右偏移 16mm。

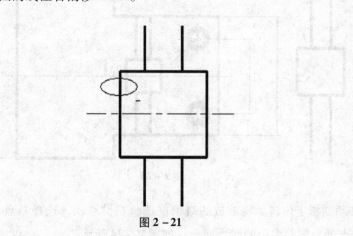

图 2 - 21

点击修改栏中 按钮，或输入快捷键命令 O，空格。

命令：_ offset

指定偏移距离或［通过（T）/删除（E）/图层（L）］＜通过＞：16 回车

选择要偏移的对象，或［退出（E）/放弃（U）］＜退出＞：选择图 2 - 21 中圈出的线

指定要偏移的那一侧上的点，或［退出（E）/多个（M）/放弃（U）］＜退出＞：点击该线条右侧（如图 2 - 22 所示）。

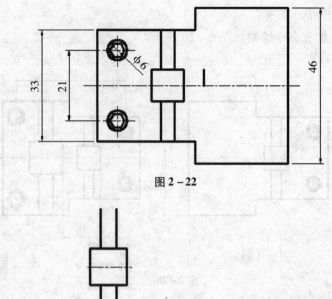

图 2 - 22

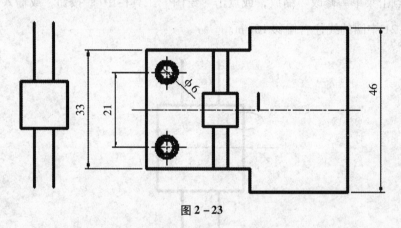

（2）复制并缩放。框选   ，右键缩放，点击基点，输入比例 46/33，回车，如图 2 - 23 所示。

图 2 - 23

（3）移动到指定位置。将缩放的对象框选，右键移动，选择基点，移动到刚刚绘制的线的端点处，删除多余的线，回车，如图 2 - 24 所示。

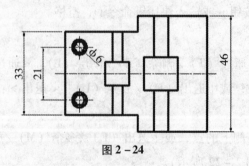

图 2 - 24

2.2.8　拉伸命令

功能：可以使被选中的对象进行形变。

操作方法：

选择对象：选择要拉伸的对象

指定基点或［位移（D）］＜位移＞：选择拉伸的基点

指定第二个点或 ＜使用第一个点作为位移＞：输入距离

【实例 2 - 8】拉伸绘制如图 2 - 25（b）所示。

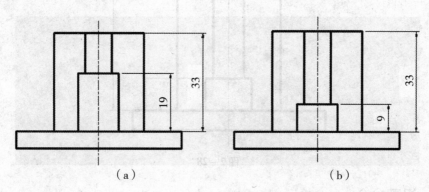

图 2 - 25

操作步骤如下：

打开拉伸图形文件。

命令：STRETCH

选择对象：框选要拉伸的对象，回车（如图 2 - 26 所示）

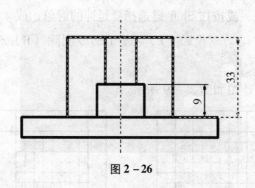

图 2 - 26

指定基点或［位移（D）］＜位移＞：（如图 2 - 27 所示）

指定第二个点或 ＜使用第一个点作为位移＞：11（光标向上）回车（结果如图 2 - 28 所示）

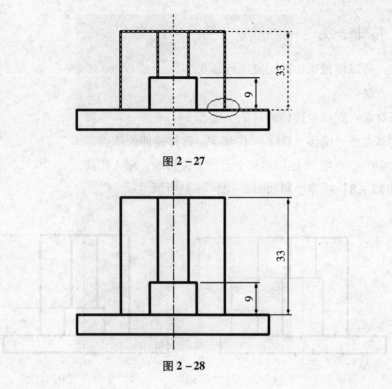

图 2-27

图 2-28

2.2.9　修剪命令

功能：修剪在绘制过程中出现的多余线条。

操作方法：点击修改栏中 ┶ 按钮，或使用快捷键 TR。

命令：_ trim

选择对象：框选要修剪的对象

选择要修剪的对象，或按住 Shift 键选择要延伸的对象，或

［栏选（F）/窗交（C）/投影（P）/边（E）/删除（R）/放弃（U）］：选择需要修剪的线条

【实例 2-9】修剪绘图如图 2-29 所示。

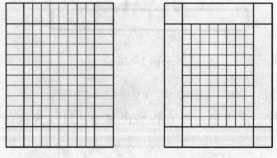

图 2-29

操作步骤如下：

命令：_ trim

选择对象：全选

选择要修剪的对象，或按住 Shift 键选择要延伸的对象，或［栏选（F）/窗交（C）/投影（P）/边（E）/删除（R）/放弃（U）］：选择图 2 - 30 中框选的部分

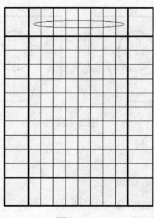

图 2 - 30

结果如图 2 - 31 所示。

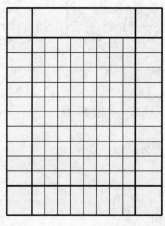

图 2 - 31

其余部分以此类推。

2.2.10　延伸命令

功能：在指定边界线后，可连续选择需要延伸的对象，延伸到与边界线相交。

操作方法：点击修改栏中 按钮，或输入快捷键 EX。

命令: _ extend

选择对象或 <全部选择>: 选择要延伸的边界

选择要延伸的对象,或按住 Shift 键选择要修剪的对象,或〔栏选(F)/窗交(C)/投影(P)/边(E)/放弃(U)〕: 选择需要延伸的对象(注意选择延伸方向)

【实例 2 – 10】延伸绘制如图 2 – 32 所示。

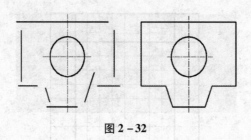

图 2 – 32

操作步骤如下:

(1)点击"绘图"工具栏中 按钮。

(2)点击要延伸的边界线如图 2 – 33 所示,再左键确定要延伸的线,如图 1 – 33(b)所示。

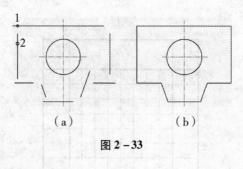

(a)　　　　　　　　(b)

图 2 – 33

其余的线方法一样,不再累述。

2.2.11　倒角命令

功能: 对两条直线边倒菱角。

操作方法: 点击修改栏中 按钮。

命令: _ chamfer

选择第一条直线或〔放弃(U)/多段线(P)/距离(D)/角度(A)/修剪(T)/方式(E)/多个(M)〕: d

指定第一个倒角距离 <0.0000>: 输入第一个倒角的距离

指定第二个倒角距离 <5.0000>: 输入第二个倒角的距离

选择第一条直线或［放弃（U）/多段线（P）/距离（D）/角度（A）/修剪（T）/方式（E）/多个（M）］：点击第一根需倒角的线条

选择第二条直线，或按住 Shift 键选择要应用角点的直线：点击第二根需倒角的线条

【实例 2－11】绘制图 2－34（b）中 2 和 3 的倒角。

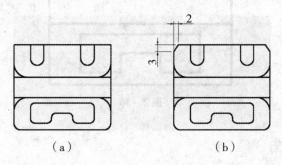

（a）　　　　　　　　　　　　　（b）

图 2－34

操作步骤如下：

单击修改栏中的 厂 按钮，输入倒角尺寸，再选择需要倒角的两条边完成倒角。

命令：_ chamfer 回车

选择第一条直线或［放弃（U）/多段线（P）/距离（D）/角度（A）/修剪（T）/方式（E）/多个（M）］：d 回车

指定第一个倒角距离 ＜3.0000＞：2 回车

指定第二个倒角距离 ＜2.0000＞：3 回车

选择第一条直线或［放弃（U）/多段线（P）/距离（D）/角度（A）/修剪（T）/方式（E）/多个（M）］：选择第一条直线（如图 2－35 所示）

选择第二条直线，或按住 Shift 键选择要应用角点的直线：选择第二条直线（如图 2－35 所示）

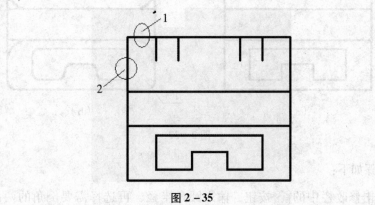

图 2－35

结果如图 2 - 36 所示。

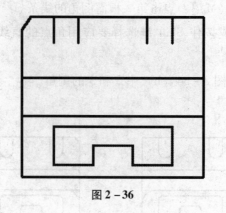

图 2 - 36

2.2.12　倒圆角命令

功能：对两条直线边倒圆角

操作方法：

命令：_ fillet 回车

选择第一个对象或 [放弃 (U) /多段线 (P) /半径 (R) /修剪 (T) /多个 (M)]：r 回车

指定圆角半径 <6.0000 >：输入半径

选择第一个对象或 [放弃 (U) /多段线 (P) /半径 (R) /修剪 (T) /多个 (M)]：点击第一条直线

选择第二个对象，或按住 Shift 键选择要应用角点的对象：点击第二条直线

【实例 2 - 12】 绘制如图 2 - 37 (b) 所示的 R3 倒圆角。

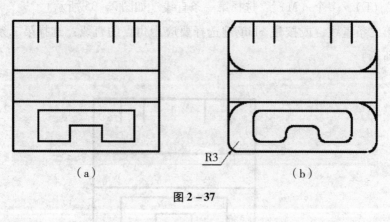

(a)　　　　　　R3　　　　　　(b)

图 2 - 37

操作步骤如下：

(1) 单击修改栏中的 ⌐ 按钮，输入圆角半径，再选择需要倒角的两条边完成倒

圆角。

命令：_ fillet 回车

选择第一个对象或［放弃（U）/多段线（P）/半径（R）/修剪（T）/多个（M)］：r 回车

指定圆角半径 ＜6.0000＞：3 回车

选择第一个对象或［放弃（U）/多段线（P）/半径（R）/修剪（T）/多个（M)］：点 1（如图 2 - 34 所示）

选择第二个对象：点 2（如图 2 - 38 所示）

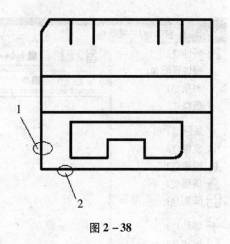

图 2 - 38

（2）结果如图 2 - 37（b）所示。

2.2.13　分解命令

功能：将一个整体图形分解成若干个单一的对象。

操作方法：点击修改栏中　按钮。

命令：_ explode

选择对象：框选需要分解的对象，回车。

【实例 2 - 13】将图 2 - 39（a）矩形分解为直线。

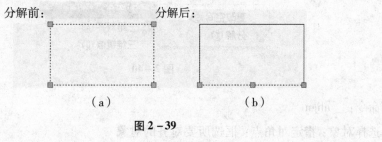

图 2 - 39

操作步骤如下：

命令：_ explode

选择对象：指定对角点：框选图 2-39（a）矩形，回车

完成分解命令如图 2-39（b）所示

2.2.14　对齐命令

功能：将所选中的对象对齐到任意位置、任意角度。

操作方法：选择菜单栏→修改→三维操作→对齐（如图 2-40 所示）。

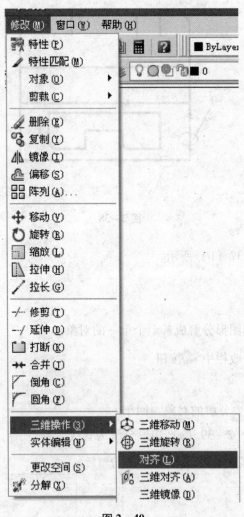

图 2-40

命令：_ align

选择对象：指定对角点：框选所要对齐的对象

指定第一个源点：选择第一个点

指定第一个目标点：选择对齐线上的对应点

指定第二个源点：选择第二点

指定第二个目标点：选择对齐线上的任意点

【实例 2 – 14】绘制如图 2 – 41 所示的左上部分图样。

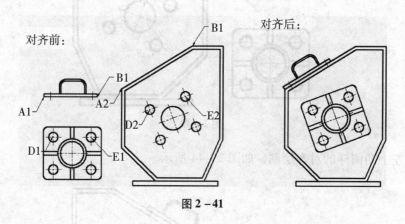

图 2 – 41

操作步骤如下：

命令：_ align

选择对象：指定对角点（框选对象）（如图 2 – 42 所示）

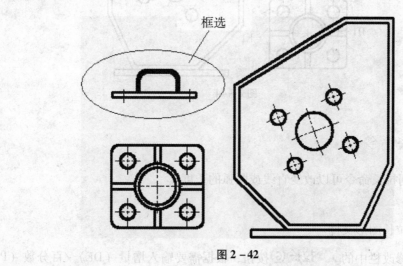

图 2 – 42

指定第一个源点：第 1 点

指定第一个目标点：第 3 点

指定第二个源点：第 2 点

指定第二个目标点：第 4 点，回车两次

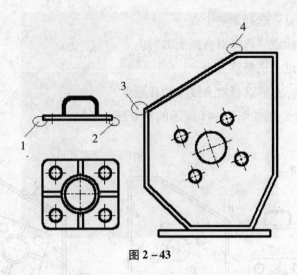

图 2 – 43

完成左上角图样的对齐绘制，如图 2 – 44 所示。

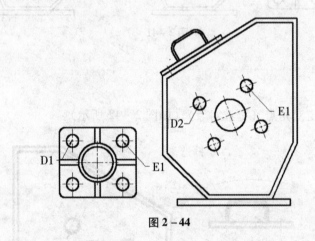

图 2 – 44

2. 2. 15 拉长命令

功能：利用拉长命令可以改变直线或圆弧的长度。

操作方法：

（1）打开拉长图形文件。

（2）点击修改栏中的 ✏ 拉长 (G) 按钮，根据需要输入增量（DE）/百分数（P）/全部（T）/动态（DY）指令，选择对象后，输入尺寸，单击回车完成拉长。

注："增量"选项用于使对象以一定的长度增长改变长度，用户每点击一次对象，对象的长度改变一次，直至回车结束拉长命令。长度增量为正直时，对象被延长；长度增值为负数时，对象被缩短。

"百分数"选项用于使对象以原长度的百分比改变长度。若百分数大于 100，则对象被延长；若百分数小于 100，则对象被缩短。百分数不能为 0 和负数。

"全部"选项用于使对象的长度改变为新的长度。

"动态"选项用于使对象以动态的方式改变长度。选择"动态"选项后，系统继续提示：

选择要修改的对象或【放弃 U】：

指定新端点：要求选择要改变的对象，用户选择了修改的对象后，移动光标，对象的长度随之动态变化。用户在适当的位置点击确定新的端点后，对象的长度随之发生改变。

【综合实例】 绘制如图 2 - 45 所示的图样。

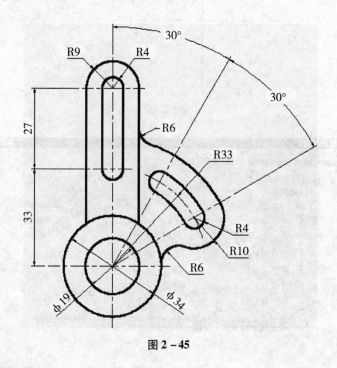

图 2 - 45

操作步骤如下：

（1）新建图层。

（2）绘制图样中心线。将"中心线"层设置为当前层，绘制中心线。点击正交 正交 ，运用直线命令与圆命，同时结合偏移完成图样中心线绘制，如图 2 - 46 所示。

（3）绘制圆。单击"绘图"工具栏中的 ⊘ ，将"粗实线"层设置为当前层，绘制圆。点击"对象捕捉"右键确定，点击设置端点、圆心、交点。单击确定，如图 2 - 47 所示。

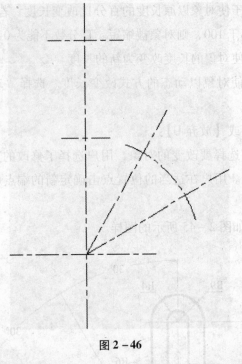

图 2 – 46

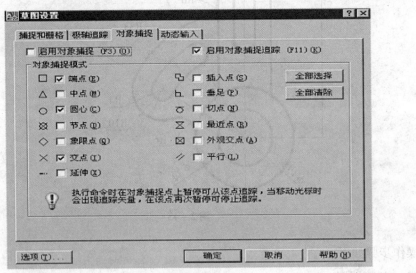

图 2 – 47

绘制直径 19 的圆：

命令：c 回车

CIRCLE 指定圆的圆心或［三点（3P）/两点（2P）/相切、相切、半径（T）］：

<对象捕捉 开>捕捉圆心

指定圆的半径或［直径（D）］：D 回车

指定圆的直径: 19 回车

直径为 34、4、9、10 等圆的绘制与上述方法相同, 效果如图 2 – 48 所示。

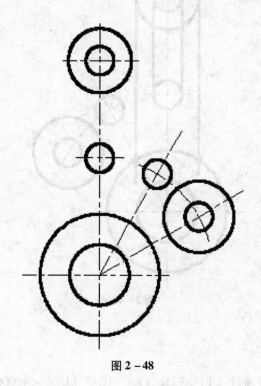

图 2 – 48

(4) 绘制直线。开启正交模式。

命令: _ line 指定第一点:

指定下一点或 [放弃 (U)]: <正交 开 > 捕捉 R9 圆心 180 度象限点

指定下一点或 [放弃 (U)]: 点击直径 34 圆内部点

其余直线画法相同, 结果如图 2 – 49 所示。

(5) 绘制相切圆弧。

① 运用偏移指令。

命令: o 回车

指定偏移距离或 [通过 (T) /删除 (E) /图层 (L)] <6.0000 >: 4 回车

选择要偏移的对象, 或 [退出 (E) /放弃 (U)] <退出 >: 选中半径为 33 的圆弧

指定要偏移的那一侧上的点, 或 [退出 (E) /多个 (M) /放弃 (U)] <退出 >: 选择右上方

选择要偏移的对象, 或 [退出 (E) /放弃 (U)] <退出 >: 选中半径为 33 的圆弧

指定要偏移的那一侧上的点, 或 [退出 (E) /多个 (M) /放弃 (U)] <退出 >:

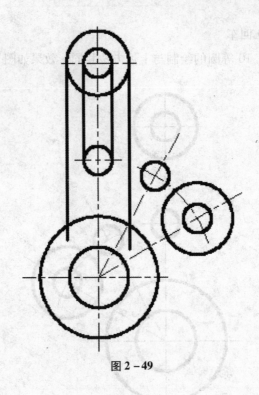

图 2 – 49

选择左下方，回车

　命令：o

　指定偏移距离或 ［通过 (T) /删除 (E) /图层 (L)］ <4.0000>：10

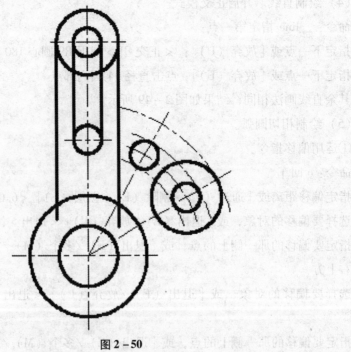

图 2 – 50

选择要偏移的对象，或［退出（E）/放弃（U）］＜退出＞：选择半径为33的圆弧

指定要偏移的那一侧上的点，或［退出（E）/多个（M）/放弃（U）］＜退出＞：点击右上方，回车

命令：_ extend

②选择边界的边。

选择对象或 ＜全部选择＞：点击直线边界

选择对象：选择刚偏移10的圆

结果如图2－50所示。

（6）变线型，修剪。结果如图2－51所示。

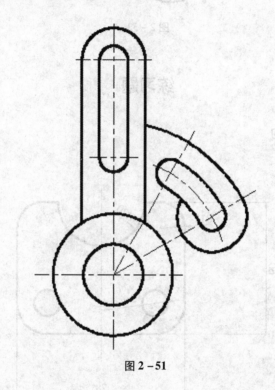

图2－51

（7）倒圆角。

命令：_ fillet

选择第一个对象或［放弃（U）/多段线（P）/半径（R）/修剪（T）/多个（M）］：r

指定圆角半径 ＜20.0000＞：6

选择第一个对象或［放弃（U）/多段线（P）/半径（R）/修剪（T）/多个（M）］：点击 R10 的圆

选择第二个对象，或按住 Shift 键选择要应用角点的对象：点击直径为34的圆（如图2－52所示）

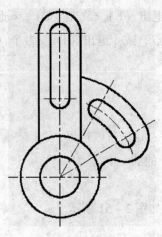

图 2 – 52

练习题

一、镜像命令练习

习题一：

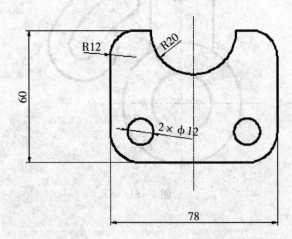

习题二：

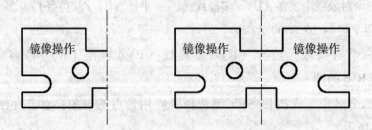

二、偏移命令练习

习题一：

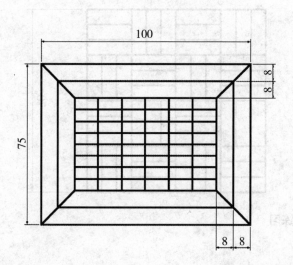

习题二：

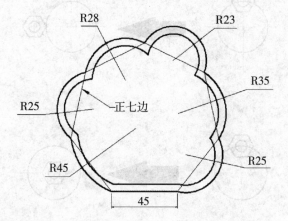

三、阵列命令练习

练习一：

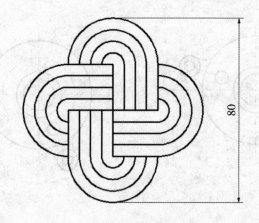

练习二：

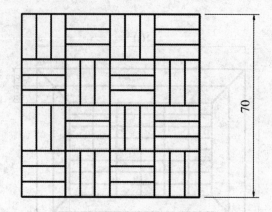

四、移动命令练习

习题一：

习题二：

五、旋转命令练习

习题一：

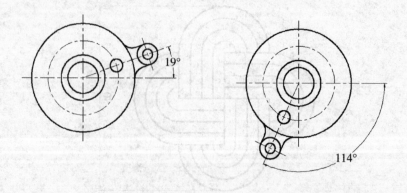

习题二：

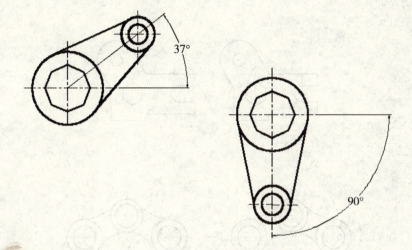

六、拉伸命令练习

习题一：

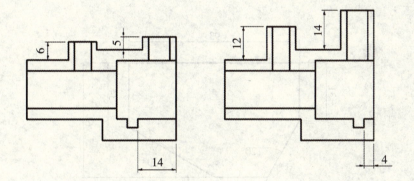

习题二：

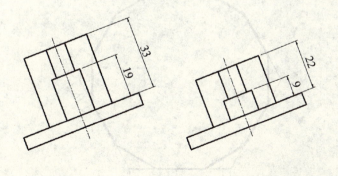

七、修剪命令练习

习题一：

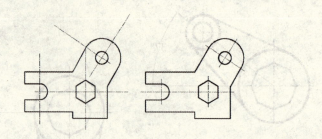

习题二：

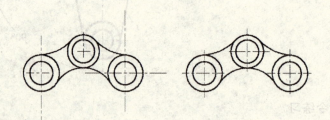

八、倒角命令练习

习题一：

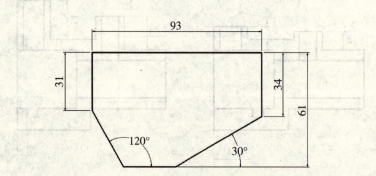

习题二：

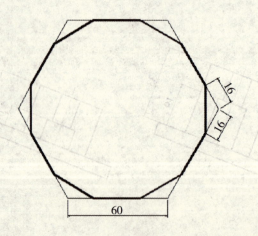

九、圆角练习

习题一：

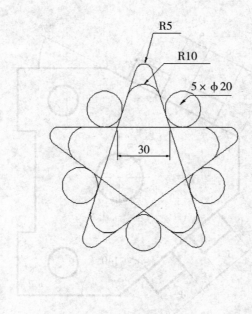

习题二：

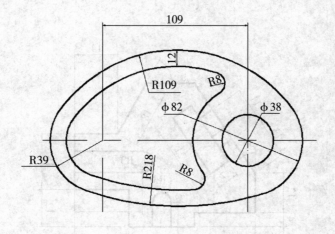

十、对齐命令习题

习题一：

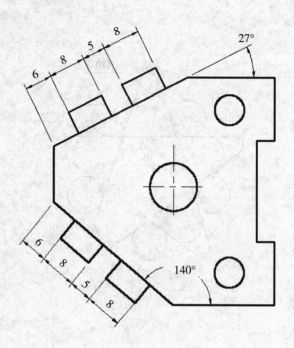

习题二：

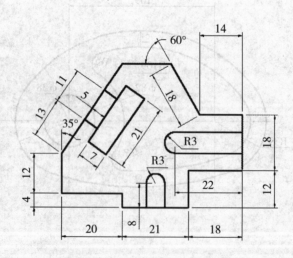

十一、拉长命令练习

习题一：

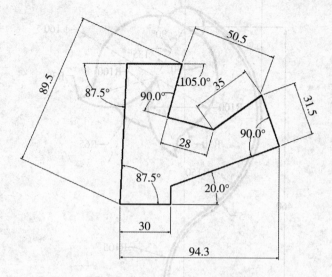

习题二：

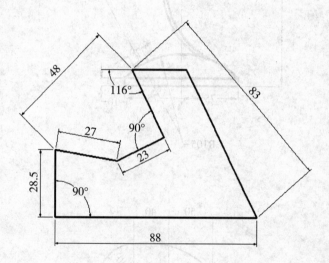

习题三：

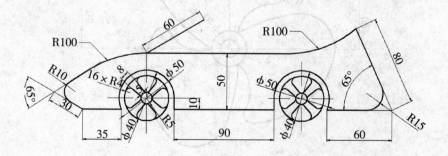

习题四：

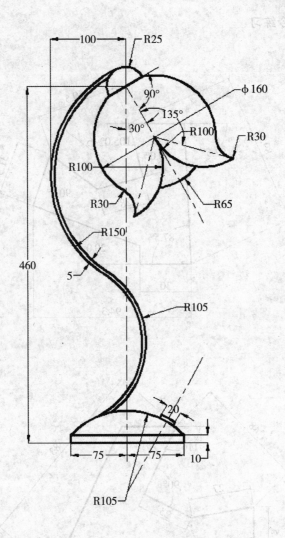

习题五：

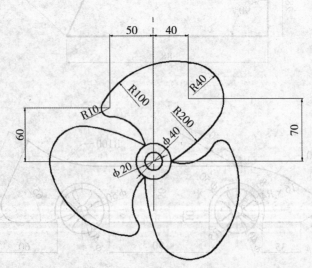

习题六：

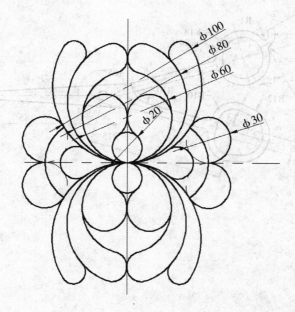

习题七：

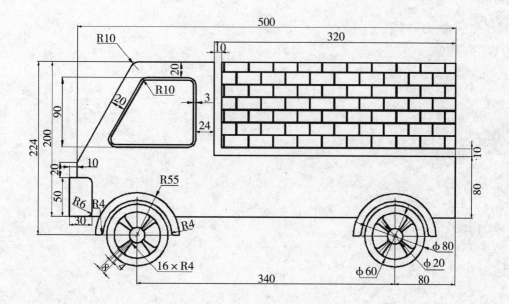

习题八：

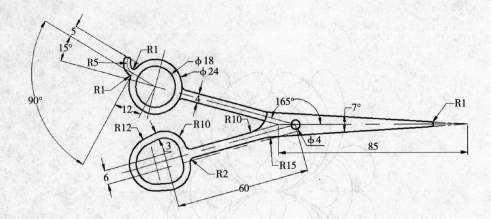

3 尺寸标注

尺寸能反映零件的形状、大小及相对位置。在机械图样中，尺寸标注是非常重要的。本章将重点讲解标注的样式创建和设置方法。

3.1 创建标注样式

在 AutoCAD 中，使用"标注样式"可以控制标注的格式和外观，建立绘图标准，并有利于对标注格式进行修改。

启动方法：

（1）单击"标注"工具栏中 按钮。

（2）单击"样式"工具栏中 按钮。

（3）单击菜单栏"标注"→"标注样式"。

（4）命令行输入 DDIM。

3.2 标注样式管理功能介绍

"标注样式管理器"对话框，如图 3-1 所示。

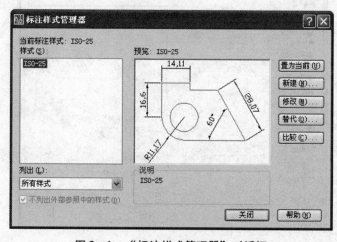

图 3-1 "标注样式管理器"对话框

置为当前：设置新建的标注样式为当前。

新建：可设置新的标注样式。

修改：可将现有的标注样式修改。

替代：可将现有的替代原来设置的标注样式。

1. "直线"对话框（如图 3-2 所示）

可设置直线的颜色、线宽、尺寸界线等。

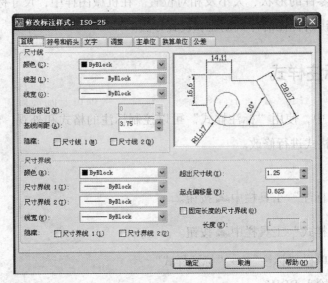

图 3-2   "直线"对话框

2. "符号和箭头"对话框（如图 3-3 所示）

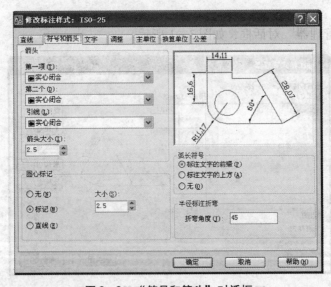

图 3-3   "符号和箭头"对话框

可以设置箭头、圆心标记、弧长符号和半径标注折弯的格式与位置。

（1）箭头。在"箭头"选项组中，可以设置尺寸线和引线箭头的类型及尺寸大小等。通常情况下，尺寸线的两个箭头应一致。

为了适用于不同类型的图形标注需要，AutoCAD 设置了 20 多种箭头样式。可以从对应的下拉列表框中选择箭头，并在"箭头大小"文本框中设置其大小。也可以使用自定义箭头，此时可在下拉列表框中选择"用户箭头"选项，打开"选择自定义箭头块"对话框。在"从图形块中选择"文本框内输入当前图形中已有的块名，然后单击"确定"按钮，AutoCAD 将以该块作为尺寸线的箭头样式，此时块的插入基点与尺寸线的端点重合。

（2）圆心标记。在"圆心标记"选项组中，可以设置圆或圆弧的圆心标记类型，如"标记""直线"和"无"。其中，选择"标记"选项可对圆或圆弧绘制圆心标记；选择"直线"选项，可对圆或圆弧绘制中心线；选择"无"选项，则没有任何标记。当选择"标记"或"直线"单选按钮时，可以在"大小"文本框中设置圆心标记的大小。

（3）弧长符号。在"弧长符号"选项组中，可以设置弧长符号显示的位置，包括"标注文字的前缀""标注文字的上方"和"无"3 种方式。

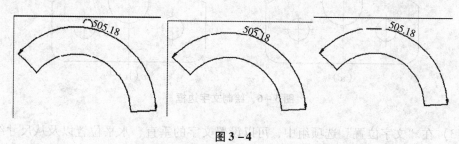

图 3 - 4

（4）半径标注折弯。在"半径标注折弯"选项组的"折弯角度"文本框中，可以设置标注圆弧半径时标注线的折弯角度大小。

3."文字"对话框（如图 3 - 5 所示）

设置标注文字的外观、位置和对齐方式。

可以设置文字的样式、颜色、高度和分数高度比例，以及控制是否绘制文字边框等。部分选项的功能说明如下：

（1）"分数高度比例"文本框：设置标注文字中的分数相对于其他标注文字的比例，AutoCAD 将该比例值与标注文字高度的乘积作为分数的高度。

（2）"绘制文字边框"复选框：设置是否给标注文字加边框，如图 3 - 6 所示。

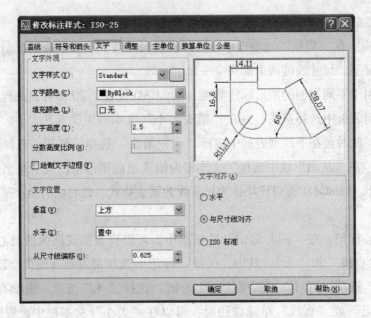

图 3 – 5　"文字"对话框

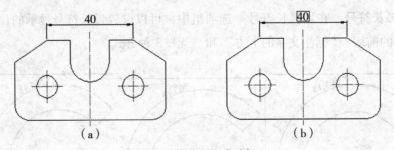

图 3 – 6　绘制文字边框

（3）在"文字位置"选项组中，可以设置文字的垂直、水平位置以及从尺寸线的偏移量，如图 3 – 7 所示。

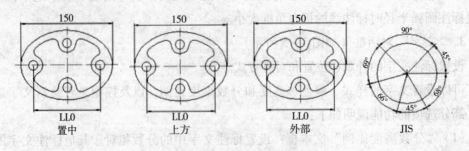

图 3 – 7　设置文字位置

（4）文字对齐。在"文字对齐"选项组中，可以设置标注文字是保持水平还是与尺寸线平行，如图 3 – 8 所示。

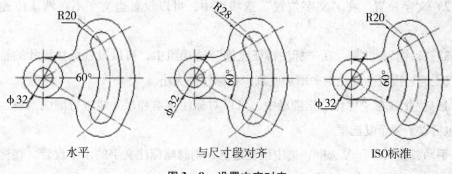

图 3 – 8　设置文字对齐

4. "调整"对话框（如图 3 – 9 所示）

设置标注文字、尺寸线、尺寸箭头的位置。

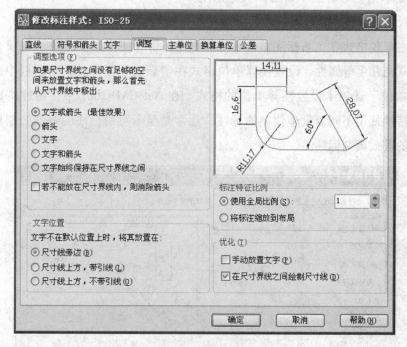

图 3 – 9　"调整"对话框

（1）调整选项。在"调整选项"选项组中，可以确定当尺寸界线之间没有足够的空间同时放置标注文字和箭头时，应从尺寸界线之间移出对象，如图 3 – 10 所示。

图 3 – 10　调整标注文字和箭头

（2）文字位置。在"文字位置"选项组中，可以设置当文字不在默认位置时的位置。

（3）标注特征比例。在"标注特征比例"选项组中，可以设置标注尺寸的特征比例，以便通过设置全局比例来增加或减少各标注的大小。

（4）优化。在"优化"选项组中，可以对标注文本和尺寸线进行细微调整，该选项组包括以下两个复选框。

"手动放置文字"复选框：选中该复选框，则忽略标注文字的水平设置，在标注时可将标注文字放置在指定的位置。

"在尺寸界线之间绘制尺寸线"复选框：选中该复选框，当尺寸箭头放置在尺寸界线之外时，也可在尺寸界线之内绘制出尺寸线。

5. "主单位"对话框（如图 3 – 11 所示）

设置尺寸测量比例、尺寸精度、分隔符的选择等。

设置主单位格式在"新标注样式"对话框中，可以使用"主单位"选项卡设置主单位的格式与精度等属性。设置换算单位格式在"新建标注样式"对话框中，可以使用"换算单位"选项卡设置换算单位的格式。在 AutoCAD 2007 中，通过换算标注单位，可以转换使用不同测量单位制的标注，通常是显示英制标注的等效公制标注，或公制标注的等效英制标注。

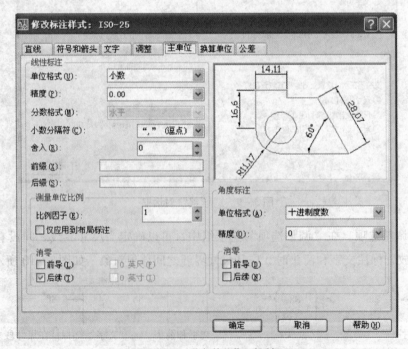

图 3 – 11 "主单位"对话框

3.3 标注命令

标注命令工具栏，如图 3 - 12 所示。

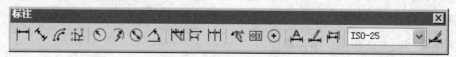

图 3 - 12

3.3.1 线性标注

线性标注是机械图样运用最广的标注，主要标注出水平和垂直的尺寸。

1. 启动方法

（1）单击"标注"工具栏中的 □ 按钮。

（2）点击"标注"菜单栏中"线性"。

（3）在命令行输入 DIMLINEAR。

2. 操作方法

命令：_ dimlinear

指定第一条尺寸界线原点或 ＜选择对象＞：选择尺寸第一个端点

指定第二条尺寸界线原点：选择尺寸第二个端点

指定尺寸线位置或［多行文字（M）/文字（T）/角度（A）］：在合适的位置点击

【实例 3 - 1】标注图 3 - 13 的尺寸。

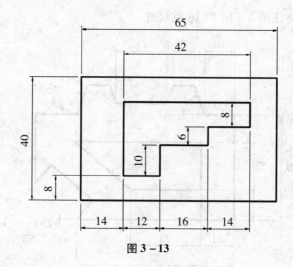

图 3 - 13

操作步骤如下：

命令：_ dimlinear

指定第一条尺寸界线原点或 <选择对象>：选择 65 尺寸左第一端点

指定第二条尺寸界线原点：选择 65 尺寸右第一端点

指定尺寸线位置或

［多行文字（M）/文字（T）/角度（A）/水平（H）/垂直（V）/旋转（R）］：在合适的位置点击。

其他尺寸的方法相同，不再累述。

3.3.2 对齐标注

在对直线段进行标注时，如果该直线的倾斜角度未知，那么使用线性标注方法将无法得到准确的测量结果，这时可以使用对齐标注。

1. 启动方法

（1）单击"标注"工具栏中的 按钮。

（2）点击"标注"菜单栏中"对齐"。

（3）命令行输入 DIMALIGNED。

2. 操作方法

命令：_ dimaligned

指定第一条尺寸界线原点或 <选择对象>：选择斜线上的第一个端点

指定第二条尺寸界线原点：选择斜线上的第二个端点

指定尺寸线位置或［多行文字（M）/文字（T）/角度（A）］：在合适的位置点击

【**实例 3－2**】标注图 3－14 中 18 的尺寸。

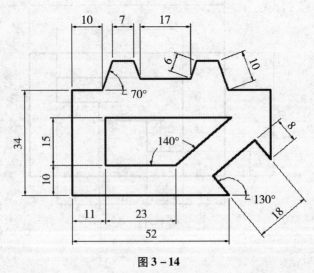

图 3－14

操作步骤如下：

命令：_ dimaligned

指定第一条尺寸界线原点或 <选择对象>：点击18的第一端点

指定第二条尺寸界线原点：点击18的另一端点

指定尺寸线位置或［多行文字（M）/文字（T）/角度（A）］：在合适位置点击

3.3.3 半径标注

可以标注圆和圆弧的半径。当指定了尺寸线的位置后，系统将按实际测量值标注出圆或圆弧的半径。也可以利用"多行文字（M）"、"文字（T）"或"角度（A）"选项，确定尺寸文字或尺寸文字的旋转角度。其中，当通过"多行文字（M）"和"文字（T）"选项重新确定尺寸文字时，只有给输入的尺寸文字加前缀R，才能使标出的半径尺寸有半径符号R，否则没有该符号。

1. 启动方法

（1）单击"标注"工具栏中的 按钮。

（2）点击"标注"菜单栏中"半径"。

（3）命令行输入 DIMREDIUS。

2. 操作方法

命令：_ dimradius

选择圆弧或圆：点击所要标注的圆弧

指定尺寸线位置或［多行文字（M）/文字（T）/角度（A）］：在合适的位置点击

【实例3－3】标注图3－15中R80的圆弧半径

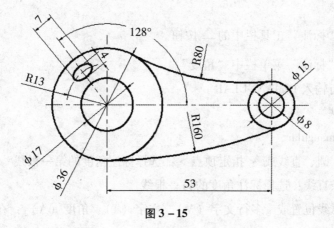

图 3－15

操作步骤如下：

命令：_ dimradius

选择圆弧或圆：点击 R80 的圆弧

指定尺寸线位置或［多行文字（M）/文字（T）/角度（A）］：在合适的位置点击

3.3.4 直径标注

可以标注圆和圆弧的直径。直径标注的方法与半径标注的方法相同。当选择了需要标注直径的圆或圆弧后，直接确定尺寸线的位置，系统将按实际测量值标注出圆或圆弧的直径。并且，当通过"多行文字（M）"和"文字（T）"选项重新确定尺寸文字时，需要在尺寸文字前加前缀％％C，才能使标出的直径尺寸有直径符号Φ。

1. 启动方法

（1）单击"标注"工具栏中的 ⊘ 按钮。

（2）点击"标注"菜单栏中"直径"。

（3）命令行输入 DIMDIAMETER。

2. 操作方法

命令：_ dimdiameter

选择圆弧或圆：选择要标注的圆

指定尺寸线位置或［多行文字（M）/文字（T）/角度（A）］：在合适的位置点击

3.3.5 角度标注

可以测量圆和圆弧的角度、两条直线间的角度，或三点间的角度。

1. 启动方法

（1）单击"标注"工具栏中的 △ 按钮。

（2）点击"标注"菜单栏中"角度"。

（3）命令行输入 DIMANGULAR。

2. 操作方法

命令：_ dimangular

选择圆弧、圆、直线或 ＜指定顶点＞：选择标注角度的第一根线

选择第二条直线：选择标注角度的另一根线

指定标注弧线位置或［多行文字（M）/文字（T）/角度（A）］：在适当的位置点击鼠标左键

【**实例3-4**】标注如图 3-16 所示的 52°。

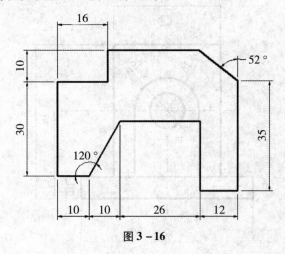

图 3-16

操作步骤如下：

命令：_ dimangular

选择圆弧、圆、直线或 <指定顶点>：选择 52 度的第一条直线

选择第二条直线：选择 52 度的另第一条直线

指定标注弧线位置或［多行文字（M）/文字（T）/角度（A）］：在合适的位置点击

3.3.6 基线标注

可以创建一系列由相同的标注原点测量出来的标注。在进行基线标注之前也必须先创建（或选择）一个线性、坐标或角度标注作为基准标注。

1. 启动方法

（1）单击"标注"工具栏中的 ⊐ 按钮。

（2）点击"标注"菜单栏中"基线"。

（3）命令行输入 DIMBASELINE。

2. 操作方法

先创建一个线性、坐标或角度标注作为基准标注，点击下一点的端点，在根据夹点编辑标注尺寸的位置。

【**实例3-5**】标注图 3-17 中标注的 10、40、70 尺寸。

操作步骤如下：

（1）点击标注 10 的尺寸。

（2）单击"标注"工具栏中的 ⊐ 按钮。

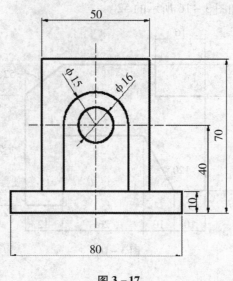

图 3 – 17

命令：_ dimbaseline

指定第二条尺寸界线原点或［放弃（U）/选择（S）］＜选择＞：点击图 3 – 18 中第 1 点

指定第二条尺寸界线原点或［放弃（U）/选择（S）］＜选择＞：点击图 3 – 18 中第 2 点

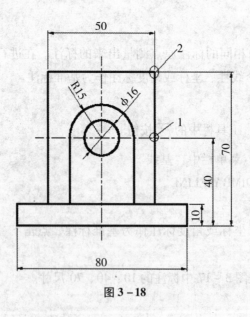

图 3 – 18

完成之后利用夹点编辑调整 40、70 的尺寸位置。

3.3.7 连续标注

可以创建一系列端对端放置的标注，每个连续标注都从前一个标注的第二个尺寸界线处开始。在进行连续标注之前，必须先创建（或选择）一个线性、坐标或角度标注作为基准标注，以确定连续标注所需要的前一尺寸标注的尺寸界线，然后执行 DIM-CONTINUE 命令。

1. 启动方法

（1）单击"标注"工具栏中的 ⊞ 按钮。

（2）点击"标注"菜单栏中"基线"。

（3）命令行输入 DIMCONTINUE。

2. 操作方法

（1）利用线性、或角度标注尺寸作为基准。

（2）点击"标注"菜单栏中"基线"。

（3）点击下一个需要标注的端点。

【实例 3 - 6】标注如图 3 - 19 所示的 10、15、35、12 尺寸。

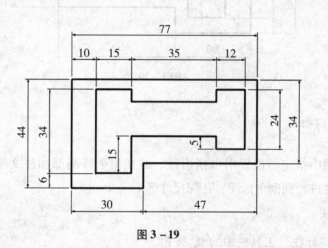

图 3 - 19

操作步骤如下：

（1）利用线性标注标出 10 尺寸。

命令：_ dimlinear

指定第一条尺寸界线原点或 ＜选择对象＞：选择 10 尺寸的第一个端点

指定第二条尺寸界线原点：选择 10 尺寸的另一个端点

指定尺寸线位置或［多行文字（M）／文字（T）／角度（A）／水平（H）／垂直（V）／旋转（R）]：在合适位置点击

（2）利用连续标注标出其余尺寸。

命令：_ dimcontinue

指定第二条尺寸界线原点或［放弃（U）/选择（S）］<选择>：点击图 3－20 中第 1 点

指定第二条尺寸界线原点或［放弃（U）/选择（S）］<选择>：点击图 3－20 中第 2 点

指定第二条尺寸界线原点或［放弃（U）/选择（S）］<选择>：点击图 3－20 中第 3 点，回车

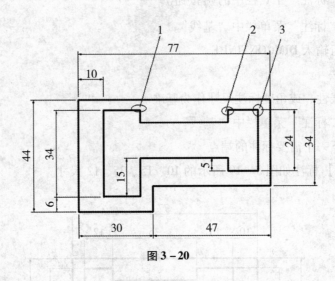

图 3－20

3.3.8 引线标注

可以在图形中指定的位置引出指引线，并在指引线端部加注文字。机械图样中，可利用引线标注进行到倒角标注、孔深尺寸等。

1. 启动方法

（1）单击"标注"工具栏中的 按钮。

（2）点击"标注"菜单栏中"引线"。

（3）命令输入 LEADER。

2. "引线设置"对话框介绍

"引线设置"对话框包括注释、引线和箭头、附着 3 个选项卡。

（1）"注释"选项卡：设置引线上的注释，如图 3－21 所示。如类型、多行文字选项、重复使用注释。

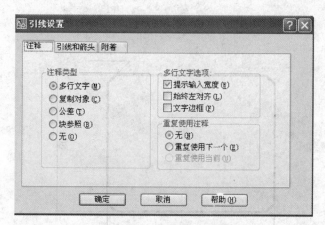

图 3-21 "注释"选项卡

（2）"引线和箭头"选项卡：设置引线类型和箭头的样式，如图 3-22 所示。

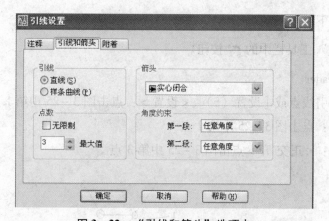

图 3-22 "引线和箭头"选项卡

（3）"附着"选项卡：设置多行文字注释相对于引线终点的位置，如图 3-23 所示。

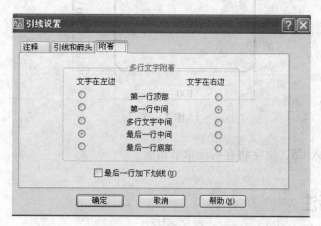

图 3-23 "附着"选项卡

【实例 3 – 7】在图 3 – 24 中进行 C5 倒角标注。

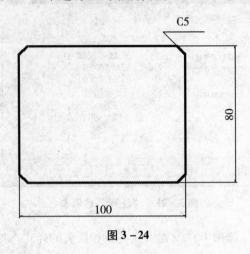

图 3 – 24

操作步骤如下：

单击"标注"工具栏中的 按钮。

命令：_ qleader

指定第一个引线点或 [设置 (S)] <设置>：点击图 3 – 25 中第 1 点

指定下一点：点击图 3 – 25 中第 2 点

指定下一点：<正交 开>点击图 3 – 25 中第 3 点

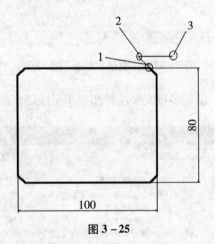

图 3 – 25

利用 **A**，输入 C5，文字将在后面章节讲解。

3.4 公差标注

机械图样中，由于装配的要求，尺寸需要控制一定的范围，也就是公差的由来。

根据国家标准，公差分为两种：第一种基本尺寸后面标注上、下偏差；第二种基本尺寸后面标注公差带带号及公差带等级。如 $\phi 50_{-0.050}^{-0.025}$、$\phi 50h7$。在装配图中用轴、孔配合形式表示配合关系，例如 $\phi 50H8/h7$

操作方法：

（1）利用"修改标注样式"→"公差"选项卡。在"新建标注样式"对话框中设置公差格式，可以使用"公差"选项卡设置是否标注公差，以及以何种方式进行标注，如图 3 - 26 所示。

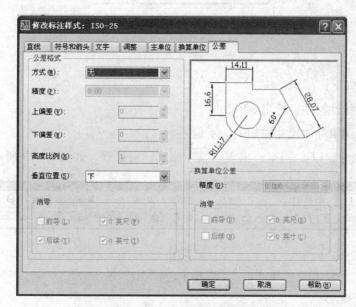

图 3 - 26　"公差"选项卡

方式：选择公差的表示类型，如图 3 - 27 所示。

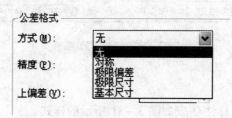

图 3 - 27　选择公差表示类型

精度：选择精度。

上偏差：输入上偏差的值。

下偏差：输入下偏差的值。

垂直位置：调节基本尺寸与公差的位置。

（2）利用编辑尺寸，添加公差。利用线性标注出尺寸；利用编辑尺寸添加公差。

【实例 3–8】在图 3–28 中标注 $\phi 80^{-0.025}_{-0.050}$。

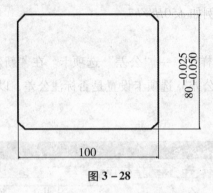

图 3–28

操作步骤如下：

（1）利用线性标注，标出 80 尺寸。

（2）利用编辑标注尺寸添加上、下偏差。

选中 80 尺寸，ED，回车，出现"文字格式"对话框，如图 3–29 所示。

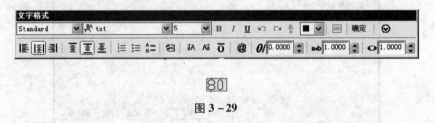

图 3–29

点击 80 后输入 –0.025^–0.050，选中 –0.025^–0.050，如图 3–30 所示。

图 3–30

亮起，点击 ，标注变成如图 3–31 所示的样式。

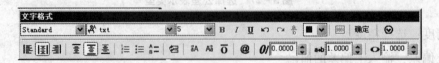

图 3–31

按 确定 按钮，结果如图 3 – 32 所示。

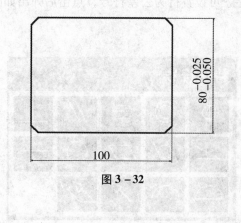

图 3 – 32

3.5 形位公差标注

形位公差标注形位公差在机械图形中极为重要。一方面，如果形位公差不能完全控制，装配件就不能正确装配；另一方面，过度吻合的形位公差又会由于额外的制造费用而造成浪费。国家标准中形位公差包括图形的形状、轮廓、方向、位置和跳动的偏差等。

1. 启动方法

（1）单击"标注"工具栏中的" "。

（2）点击"标注"菜单栏中"公差"。

（3）命令行输入 TOLERANCE。

使用上述启动命令后，"形位公差"对话框弹出，可以设置公差的符号、值及基准等参数，如图 3 – 33 所示。

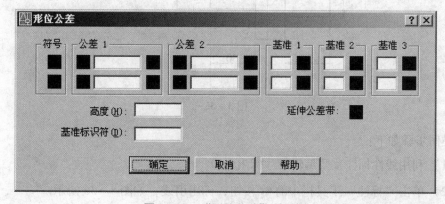

图 3 – 33　"形位公差"对话框

2. "形位公差"对话框

（1）"符号"选项栏。可设置行为公差符号，点击后弹出如图 3 – 34 所示的"特征符号"对话框。

图 3 – 34   "特征符号"对话框

选择相应的形位公差，可在符号处显示其特征符号。如想取消，则按"特征符号"对话框中白图框。

（2）"公差"选项栏。公差 1 和公差 2 用于设置形位公差的大小，在相应的文本框输入公差值即可。单击文本框前的黑图框可以添加直径符号。

（3）"基准"选项栏。基准 1、基准 2、基准 3 用于输入形位公差的基准，在相应的文本框中输入基准符号（如 A、B 等）。

【实例 3 – 9】标注如图 3 – 35 所示的形位公差。

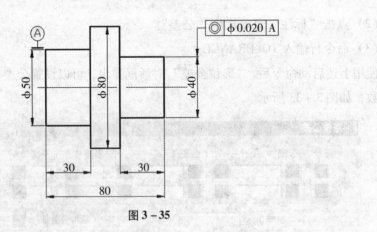

图 3 – 35

操作步骤如下：

（1）利用线性标注，及编辑尺寸标出 ϕ40。

（2）单击"标注"工具栏中的 按钮，标出引线，如图 3 – 36 所示。

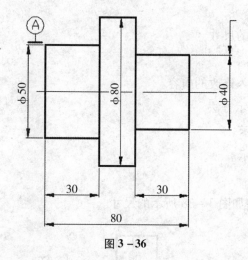

图 3 – 36

（3）单击"标注"工具栏中的 按钮，填写如图 3 – 37 所示。

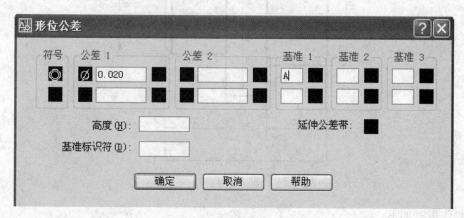

图 3 – 37

（4）移动至合适位置。

3.6 编辑标注

3.6.1 编辑标注命令

可以对尺寸进行修改。

1. 启动方法

（1）单击"标注"工具栏中的 按钮。

（2）命令行输入 DIMEDIT。

2. 操作方法

（1）选中需要编辑的尺寸。

（2）ED，回车。

（3）在对话框中输入修改的内容。

3. 几种特殊符号表示方法

（1）ϕ 用%%C 表示。

（2）± 用%%P 表示。

（3）^{0} 用%%D 表示。

【**实例 3-10**】标注如图 3-38 所示的尺寸。

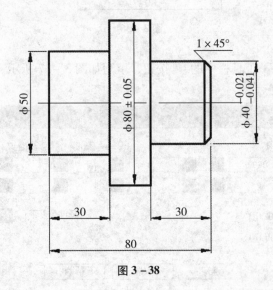

图 3-38

操作步骤如下：

（1）$\phi 80 \pm 0.05$。点击 80 尺寸，ED 回车，前面输入%%C，在后面 80 输入%%P0.05，按"确定"，如图 3-39 所示。

$$\varnothing\ 80\pm0.05$$

图 3-39

（2）$\phi 40^{-0.020}_{-0.041}$。点击 40，ED 回车，在 40 前面输入%%C，在后面输入 -0.020^-0.041，选中 -0.020^-0.041，点击 ⁇，按"确定"，如图 3-40 所示。

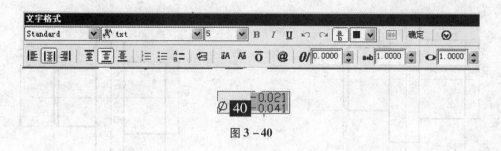

图 3 – 40

（3） 1 × 45°。标出引线，并点击 $\boxed{A}$ ，输入 1 × 45 % % d，按 "确定"，如图 3 – 41 所示。

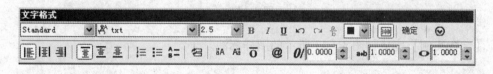

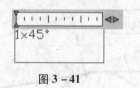

图 3 – 41

3.6.2　编辑标注文字命令

可以修改尺寸的文字位置或调整尺寸界线长度

1. 启动方法

（1） 点击 "标注" 工具栏中的 按钮。

（2） 点击菜单栏 "标注" → "对齐文字"。

（3） 命令行输入 DIMTEDIT。

2. 操作方法

（1） 点击 "标注" 工具栏中的 按钮。

（2） 点击需要编辑的尺寸，移到改变的位置。

【实例 3 – 11】 把图 3 – 42 （a） 绘制成图 3 – 42 （b）。

操作步骤如下：

（1） 点击 $\phi 40^{-0.020}_{-0.041}$。

（2） 点击 "标注" 工具栏中的 按钮。

（3） 移至上方，结果如图 3 – 42 （b） 所示。

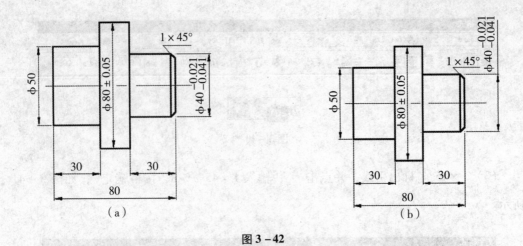

图 3 - 42

【综合实例】完成如图 3 - 43 所示的图样标注。

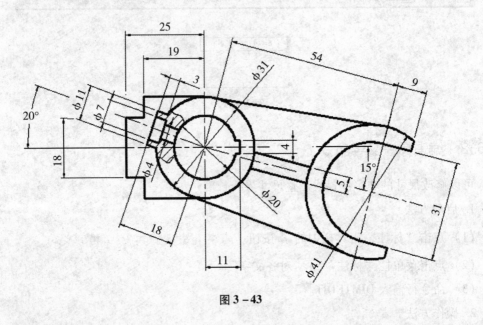

图 3 - 43

操作步骤如下：

1. 标注线性尺寸

（1）点击"标注"工具栏中 按钮。

（2）标注线性标注尺寸 25、19、18、11、4，如图 3 - 44 所示。

2. 对齐标注

（1）点击"标注"工具栏中 按钮。

（2）标注对齐尺寸 54、9、18、31、7、11，结果如图 3 - 45 所示。

— 92 —

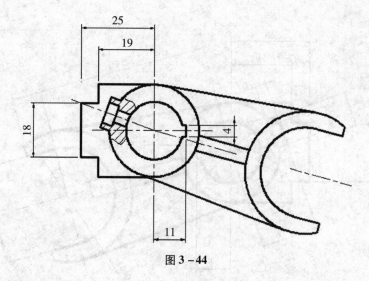

图 3 – 44

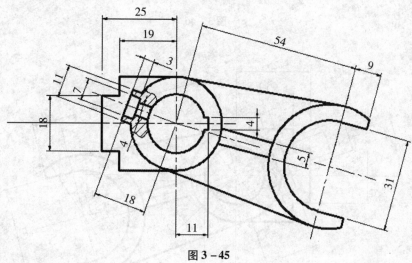

图 3 – 45

3. 直径标注

（1）点击"标注"工具栏中 ⊘ 按钮。

（2）标注圆直径 41、20、31，结果如图 3 – 46 所示。

4. 标注角度（15°、20°）

（1）点击"标注"工具栏 △ 按钮。

（2）标注 15°、20°，结果如图 3 – 47 所示。

5. 编辑尺寸（11、7、4）

（1）选中需编辑的尺寸。

（2）ED，回车。

（3）在前面输入％％C，按"确定"，结果如图 3 – 48 所示。（具体做法将在第 4

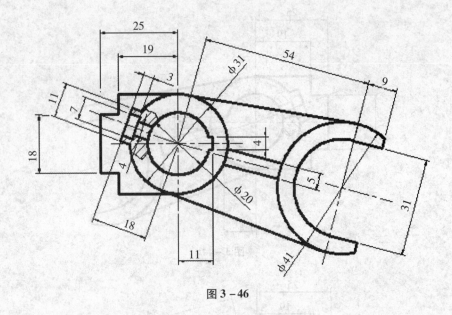

图 3 – 46

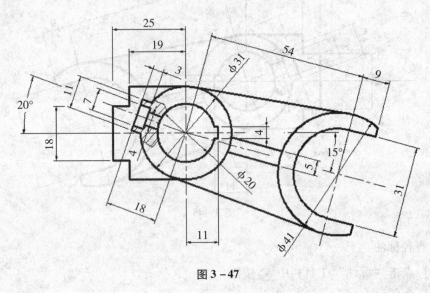

图 3 – 47

章具体讲解）

6. 修剪尺寸

在图 3 – 48 中可以看到 18 这个尺寸与 $\phi7$、$\phi11$、20°三个尺寸相交，根据国家标准，尺寸标注不能相交。所以，需要对 18 这个尺寸进行修剪。

（1）将 18 尺寸分解。拾取 18 尺寸，点击"修改"栏中 按钮。

命令行：TR，空格两次

（2）删除相交的线，结果如图 3 – 49 所示。

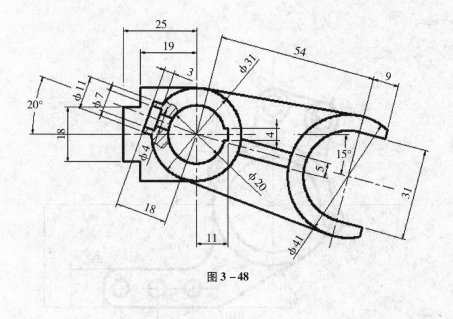

图 3 - 48

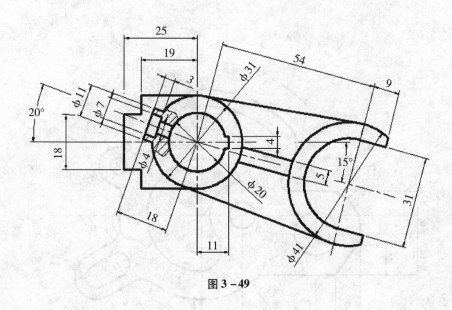

图 3 - 49

练习题

习题一:

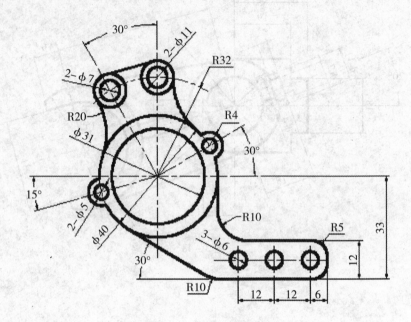

习题二:

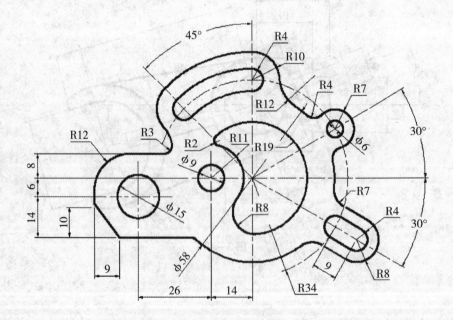

习题三：

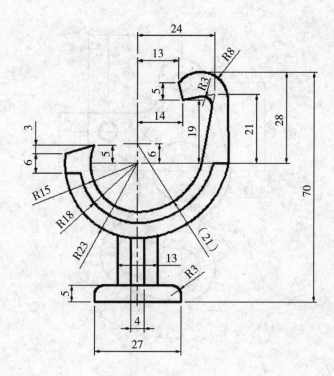

习题四：

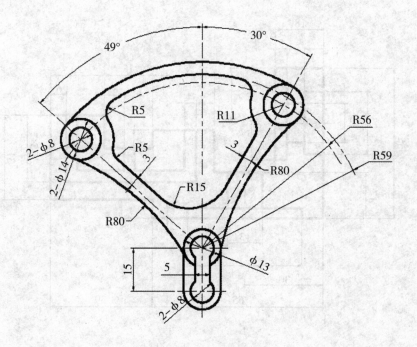

习题五：

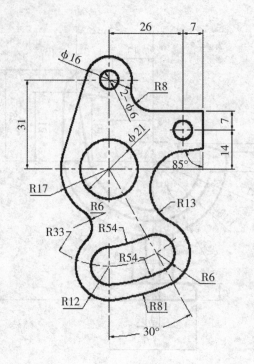

习题六：

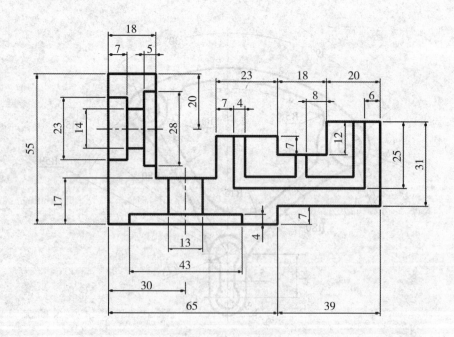

习题七：

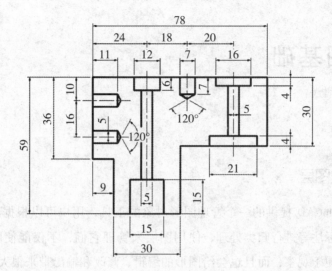

习题八：

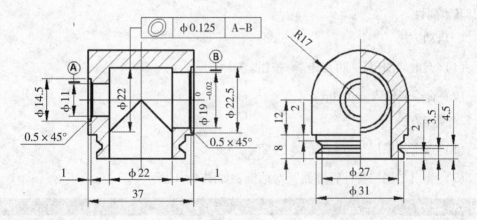

习题九：

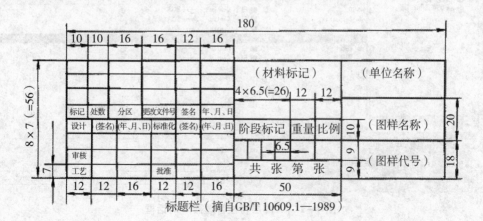

标题栏（摘自GB/T 10609.1—1989）

4 绘图基础

4.1 图层

4.1.1 建立图层

图层是 AutoCAD 提供的一个管理图形对象的工具，用户可以根据图层对图形几何对象、文字、标注等进行归类处理，使用图层来管理它们，不仅能使图形的各种信息清晰、有序，便于观察，而且也会给图形的编辑、修改和输出带来很大的方便。

AutoCAD 提供了图层特性管理器，利用该工具用户可以很方便地创建图层以及设置其基本属性。

1. 启动方法

（1）点击"图层"，再点击 ≋ 按钮。

（2）命令行输入 copyclip。

2. 操作方法

（1）点击"图层"，再点击 ≋ 按钮。

（2）弹出"图层特性管理器"对话框，如图 4－1 所示。

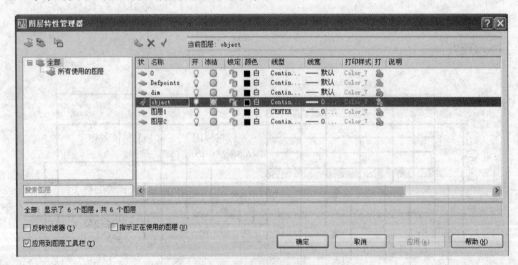

图 4－1　"图层特性管理器"对话框

3. "图层特征管理"对话框符号含义

≋：图层特性管理器

◊：开、关图层

○：在所有视口中冻结或解冻

●：在当前视口中冻结或解冻

◐：锁定/解锁图层

▮：图层的颜色

0：0 层

≋：将对象的图层设为当前

≋：返回上一个图层

4. 设置图层特性

图层设置包括颜色、线型、线宽，还可对图层进行冻结、可见性与不可见性控制、锁定等。

（1）设置图层的颜色。点击"图层特性管理器"对话框颜色方块，选择所需要的颜色，单击 确定 按钮，如图4-2所示。

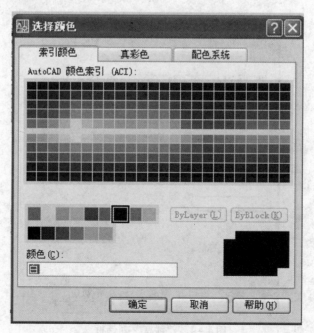

图4-2 "选择颜色"对话框

（2）设置图层的线型。线型默认为实线，即 Continuous，这是粗实线、细实线、剖面线、尺寸线的线型。如果中心线、虚线则需要按 加载（L）... 按钮，选择其他线型，如图 4－3 所示。虚线选用 ACAD ISO02W100、中心线 ACAD ISO04W100。

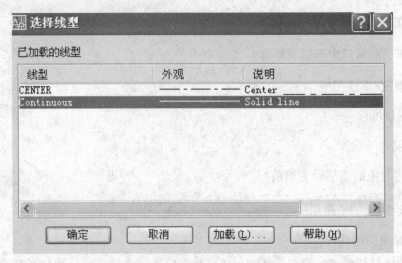

图 4－3　"选择线型"对话框

（3）设置线宽。根据国家标准，粗实线宽度为 b，其他线性的宽度为 b/3。一般来说，粗实线宽度选 0.7mm，则其余线型为 0.25mm。"线宽"对话框，如图 4－4 所示。

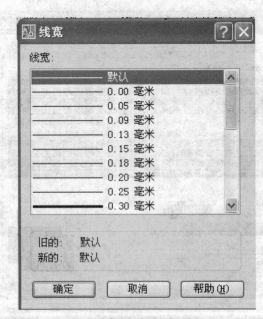

图 4－4　"线宽"对话框

4.1.2 图层管理

在 AutoCAD 中，使用"图层特性管理器"对话框不仅可以创建图层，设置图层的颜色、线型和线宽，还可以对图层进行更多的设置与管理，如图层的切换、重命名、删除及图层的显示控制等。可以实现设置图层特性、切换当前层、使用"图层过滤器特性"对话框过滤图层、使用"新组过滤器"过滤图层、保存与恢复图层状态、转换图层、改变对象所在图层、使用图层工具管理图层。

1. 设置图层特性

使用图层绘制图形时，新对象的各种特性将默认为随层，由当前图层的默认设置决定。也可以单独设置对象的特性，新设置的特性将覆盖原来随层的特性。在"图层特性管理器"对话框中，每个图层都包含状态、名称、打开/关闭、冻结/解冻、锁定/解锁、线型、颜色、线宽和打印样式等特性。

2. 切换当前层

在"图层特性管理器"对话框的图层列表中，选择某一图层后，单击"当前图层"按钮，即可将该层设置为当前层。在实际绘图时，为了便于操作，主要通过"图层"工具栏和"对象特性"工具栏来实现图层切换，这时只需选择要将其设置为当前层的图层名称即可。此外，"图层"工具栏和"对象特性"工具栏中的主要选项与"图层特性管理器"对话框中的内容相对应，因此也可以用来设置与管理图层特性。

3. 使用"图层过滤器特性"对话框过滤图层

在 AutoCAD 中，图层过滤功能大大简化了在图层方面的操作。图形中包含大量图层时，在"图层特性管理器"对话框中单击"新特性过滤器"按钮，可以使用打开的"图层过滤器特性"对话框来命名图层过滤器。

4. 使用"新组过滤器"过滤图层

在 AutoCAD 2007 中，还可以通过"新组过滤器"过滤图层。可在"图层特性管理器"对话框中单击"新组过滤器"按钮，并在对话框左侧过滤器树列表中添加一个"组过滤器 1"（也可以根据需要命名组过滤器）。在过滤器树中单击"所有使用的图层"节点或其他过滤器，显示对应的图层信息，然后将需要分组过滤的图层拖动到创建的"组过滤器 1"上即可。

5. 保存与恢复图层状态

图层设置包括图层状态和图层特性。图层状态包括图层是否打开、冻结、锁定、打印和在新视口中自动冻结。图层特性包括颜色、线型、线宽和打印样式。可以选择要保存的图层状态和图层特性。例如，可以选择只保存图形中图层的"冻结/解冻"设置，忽略所有其他设置。恢复图层状态时，除了每个图层的冻结或解冻设置以外，其他设置仍保持当前设置。在 AutoCAD 2007 中，可以使用"图层状态管理器"对话框来管理所有图层的状态。

6. 转换图层

使用"图层转换器"可以转换图层，实现图形的标准化和规范化。"图层转换器"能够转换当前图形中的图层，使之与其他图形的图层结构或 CAD 标准文件相匹配。例如，如果打开一个与原本图层结构不一致的图形，可以使用"图层转换器"转换图层名称和属性，以符合公司的图形标准。

7. 改变对象所在图层

在实际绘图中，如果绘制完某一图形元素后，发现该元素并没有绘制在预先设置的图层上，可选中该图形元素，并在"对象特性"工具栏的图层控制下拉列表框中选择预设层名，然后按下 ESC 键来改变对象所在图层。

8. 使用图层工具管理图层

在 AutoCAD 2007 中新增了图层管理工具，利用该功能用户可以更加方便地管理图层。选择"格式"→"图层工具"命令中的子命令，就可以通过图层工具来管理图层。

4.2 对象捕捉

4.2.1 概述

对象捕捉是 CAD 中的一种对象精确定位法。CAD 2007 提供了目标捕捉方式来提高精确性，绘图时可通过捕捉功能快速、准确定位。

1. 启动方法

（1）点击"对象捕捉"工具栏中按钮，如图 4－5 所示。

图 4－5　"对象捕捉"工具栏

⊶：临时追踪点捕捉

⌐：捕捉自

⟋：捕捉端点

⟋：捕捉中点

✕：捕捉交点

✕：捕捉外观交点

┈：捕捉延长

◎：捕捉圆心

❖：捕捉象限点

○：捕捉切点

⊥：捕捉垂足

∥：捕捉品行

⧉：捕捉插入点

○：捕捉节点

✗：捕捉最近点

⧄：关闭对象捕捉

∩：设置对象捕捉

（2）点击 **对象捕捉** 按钮，可根据具体情况钩选捕捉的选项，然后按"确定"按钮即可，如图 4 – 6 所示。

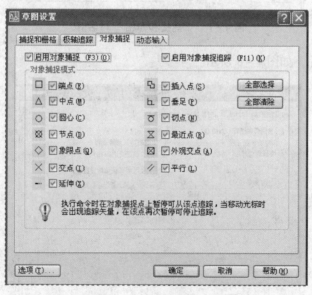

图 4 – 6 "对象捕捉"对话框

全部选择：可使所有选项捕捉

全部清除：可全部取消所有捕捉选项

☐ ☑端点(E)：捕捉点前打钩，说明已经选择捕捉端点，可通过钩选选择需要捕捉的对象

☑启用对象捕捉 (F3)(Q)：可启动或取消对象捕捉

☑启用对象捕捉追踪 (F11)(K)：可启动或取消对象捕捉追踪

2. "草图设置"对话框

（1）捕捉和栅格，如图4－7所示。

图4－7 "捕捉和栅格"对话框

（2）极轴追踪，如图4－8所示。

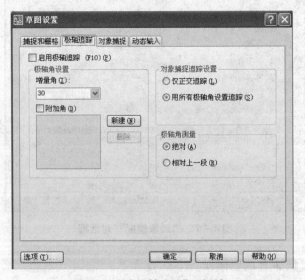

图4－8 "极轴追踪"对话框

（3）对象捕捉，如图 4 – 6 所示。

（4）动态输入，如图 4 – 9 所示。

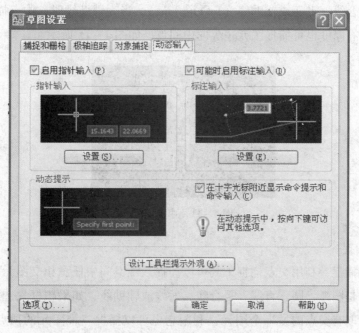

图 4 – 9　"动态输入"对话框

4.2.2　对象捕捉方法

1. 端点捕捉

（1）在实体捕捉工具条中，选择一个实体捕捉工具。

（2）在命令行输入实体捕捉命令。

（3）在状态条中，点击"对象捕捉"。

（4）按住 shift 键，在图形窗口任意位置单击鼠标右键出现实体捕捉快捷菜单，选择所需实体捕捉。如果是临时运行捕捉模式，它只能执行一次。将光标放在任何工具条上点击右键，可选择对象捕捉工具条，如图 4 – 10 所示。

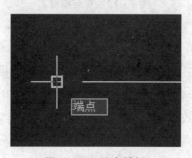

图 4 – 10　端点捕捉

2. 中点捕捉

设置中点捕捉，利用中点捕捉工具可捕捉另一图元的中间点，这些图元可以是圆弧、线段、复合线、平面或辅助线（Infinite Line），当为辅助线时，中点捕捉第一个定义点，若图元有厚度也可捕捉图元边界的中间点，如图 4－11 所示。

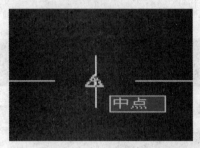

图 4－11　中点捕捉

3. 交点捕捉

设置交点捕捉，利用交点捕捉工具可以捕捉三维空间中任意相交图元的实际交点，这些图元可以是圆弧、圆、直线、复合线、射线或辅助线，如果靶框只选到一个图元，程序会要求选取有交点的另一个图元，利用它也可以捕捉三维图元的顶点或有厚度图元的角点，如图 4－12 所示。

图 4－12　交点捕捉

4. 延长捕捉

设置延长捕捉，用于捕捉对象轨迹延长线的点。当执行绘图命令时，把光标移到对象端点之上，当光标再移到对象以外时，系统会用线显示出对象轨迹的延长线，输入或用鼠标单击达到延长的效果。

5. 圆心捕捉

设置圆心捕捉，利用中心点捕捉工具可捕捉一些图元的中心点，这些图元包括圆、圆弧、多维面、椭圆、椭圆弧等，捕捉中心点，必须选择图元的可见部分，如图 4 - 13 所示。

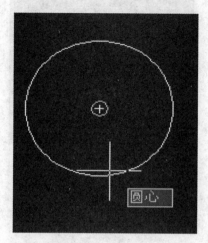

图 4 - 13 圆心捕捉

6. 切点捕捉

设置切点捕捉，利用切点捕捉工具可捕捉图元切点，这些图元为圆或圆弧，当和前点相连时，形成图元的切线，如图 4 - 14 所示。

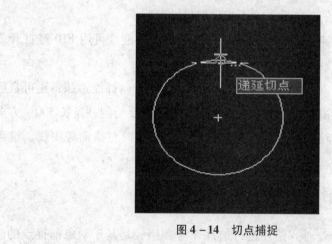

图 4 - 14 切点捕捉

7. 象限点捕捉

设置象限捕捉，利用象限捕捉工具，可捕捉圆、圆弧、椭圆、椭圆弧的最近四分圆点。

8. 垂足捕捉

设置垂足捕捉，利用垂直点捕捉工具可捕捉一些图元的垂直点，这些图元可以是圆、圆弧、直线、复合线、辅助线、射线、或平面的边和图元或图元延伸部分形或垂直。

9. 平行捕捉

平行捕捉：绘制某一直线平行的直线，如图 4 - 15 所示。

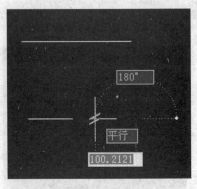

图 4 – 15　平行捕捉

4.3　自动追踪

4.3.1　极轴追踪

在 AutoCAD 中，正交的功能我们经常用，AutoCAD 2007 版本就增加了一个极轴追踪的功能，使一些绘图工作更加容易。其实极轴追踪与正交的作用有些类似，也是为要绘制的直线临时对齐路径，然后输入一个长度单位就可以在该路径上绘制一条指定长度的直线。理解了正交的功能后，就不难理解极轴追踪了。

AutoCAD 中的极轴功能就是可以沿某一角度追踪的功能。可用 F10 键打开或关闭极轴追踪功能。默认的极轴追踪是正交方向的，即 0°、90°、180°、270°方向。可以在草图设置中选择增量角度，如 15°，那每增加 15°的角度方向都能追踪，还可自己设置特定追踪角度。使用极轴追踪给绘图带来极大的方便，如要绘制一条长 500、方向向右的水平线，在打开极轴追踪的情况下，画直线命令，鼠标向左拖动橡皮线，键盘输入长度值 500 后点鼠标左键就画好了。

4.3.2　对象捕捉追踪

使用对象捕捉追踪沿着对齐路径进行追踪，对齐路径是基于对象捕捉点的。已获取的点将显示一个小加号（＋），一次最多可以获取 7 个追踪点。获取了点之后，当在绘图路径上移动光标时，相对于获取点的水平、垂直或极轴对齐路径将显示出来。例如，可以基于对象端点、中点或者对象的交点，沿着某个路径选择一点。

只要留心，从指定临时追踪点开始做几次练习，就可以掌握对象捕捉追踪方法，将使绘图效率大大提高，而且更准确。

使用对象捕捉、极轴捕捉追踪和对象捕捉追踪时，有一些经验技巧可供参考。

（1）对象捕捉追踪是对象捕捉与极轴追踪的综合，启用对象捕捉追踪之前，应先启用极轴追踪和自动对象捕捉，并根据绘图需要设置极轴追踪的增量角，设置好对象捕捉的捕捉模式。

（2）在"草图设置"对话框中的"对象捕捉"选项卡中，"启用对象捕捉追踪"复选框需要用户确定是否启用对象捕捉追踪。在绘图过程中，利用 F11 键或单击状态栏上的"对象追踪"按钮，可随时切换对象捕捉追踪的启用与否。

（3）与临时追踪点一起使用对象捕捉追踪。在输入点的提示下，输入"tt"，然后指定一个临时追踪点，该点上将出现一个小的加号（＋）。"tt"是一个透明命令，用户在命令执行过程中均可输入"tt"指定任意点为临时追踪点。移动光标时，将相对于这个临时点显示自动追踪对齐路径。如果要将这点删除，应将光标移回到加号（＋）上面。

（4）获取对象捕捉点之后，使用直接距离沿对齐路径（始于已获取的对象捕捉点）在精确距离处指定点。具体步骤，要在提示下指定点，先选择对象捕捉，移动光标显示对齐路径，然后在命令提示下输入距离即可。

对象捕捉设置中钩选延伸方式，键入 Line 命令或者单击图标，鼠标移动到左边矩形的右下角，再慢慢往右上方移动，出现一条延伸线，再将鼠标移动到右边矩形的左下角，同理，慢慢往左上方移动也出现一条延伸线，当到达某一位置时，两条延伸线相交，这也正是我们要找的点，点击鼠标左键确定采用对象追踪模式，按下键盘功能键，或在屏幕下方状态栏的"对象追踪"按钮点击打开，"对象追踪"按钮下沉。

4.4　正交模式

打开正交工具的方法是：单击屏幕下面的正交按钮使其凹下，或按 F8 键在打开与关闭之间切换。正角工具用来画水平线（与 X 轴平行）和铅垂线（与 Y 轴平行）。打开正交工具后，鼠标只能在水平或铅垂两个方向移动，移动十字光标选择好方向（水平或铅垂）后，输入线段长度就画出直线，输入相对坐标画倾斜线。

4.5　文字

4.5.1　建立文字样式

在 AutoCAD 中，所有文字都有与之相关联的文字样式。在创建文字注释和尺寸标注时，AutoCAD 通常使用当前的文字样式，也可以根据具体要求重新设置文字样式或创建新的样式。文字样式包括文字"字体""字形""高度""宽度系数""倾斜角""反向""倒置"以及"垂直"等参数。

选择"格式"→"文字样式"命令，打开"文字样式"对话框。利用该对话框可以修改或创建文字样式，并设置文字的当前样式。可设置样式名、设置字体、设置文字效果、预览与应用文字样式。

1. 设置样式名

"文字样式"对话框的"样式名"选项组中显示了文字样式的名称、创建新的文字样式、为已有的文字样式重命名或删除文字样式，各选项的含义如下。

"样式名"下拉列表框：列出当前可以使用的文字样式，默认文字样式为 Standard。

"新建"按钮：单击该按钮打开"新建文字样式"对话框。在"样式名"文本框中输入新建文字样式名称后，单击"确定"按钮可以创建新的文字样式。新建文字样式将显示在"样式名"下拉列表框中。

"重命名"按钮：单击该按钮打开"重命名文字样式"对话框。可在"样式名"文本框中输入新的名称，但无法重命名默认的 Standard 样式。

"删除"按钮：单击该按钮可以删除某一已有的文字样式，但无法删除已经使用的文字样式和默认的 Standard 样式。

2. 设置字体

"文字样式"对话框的"字体"选项组用于设置文字样式使用的字体和字高等属性。其中，"字体名"下拉列表框用于选择字体；"字体样式"下列表框用于选择字体格式，如斜体、粗体和常规字体等；"高度"文本框用于设置文字的高度。选中"使用大字体"复选框，"字体样式"下拉列表框变为"大字体"下拉列表框，用于选择大字体文件。如果将文字的高度设为 0，在使用 TEXT 命令标注文字时，命令行将显示"指定高度:"提示，要求指定文字的高度。如果在"高度"文本框中输入了文字高度，AutoCAD 将按此高度标注文字，而不再提示指定高度。

AutoCAD 提供了符合标注要求的字体形文件：gbenor. shx、gbeitc. shx 和 gbcbig. shx 文件。其中，gbenor. shx 和 gbeitc. shx 文件分别用于标注直体和斜体字母与数字；gb-cbig. shx 则用于标注中文。

（1）设置文字效果。在"文字样式"对话框中，使用"效果"选项组中的选项可以设置文字的颠倒、反向、垂直等显示。在"宽度比例"文本框中可以设置文字字符的高度和宽度之比，当"宽度比例"值为 1 时，将按系统定义的高宽比书写文字；当"宽度比例"小于 1 时，字符会变窄；当"宽度比例"大于 1 时，字符则变宽。在"倾斜角度"文本框中可以设置文字的倾斜角度，角度为 0°时不倾斜；角度为正值时向右倾斜；为负值时向左倾斜。

（2）预览与应用文字样式。在"文字样式"对话框的"预览"选项组中，可以预览所选择或所设置的文字样式效果。其中，在"预览"按钮左侧的文本框中输入要预览的字符，单击"预览"按钮，可以将输入的字符按当前文字样式显示在预览框中。

　　设置完文字样式后，单击"应用"按钮即可应用文字样式，然后单击"关闭"按钮，关闭"文字样式"对话框。

　　(3) 创建单行文字。在 AutoCAD 2007 中，"文字"工具栏可以创建和编辑文字。对于单行文字来说，每一行都是一个文字对象，选择"绘图"→"文字"→"单行文字"命令 (DTEXT)，或在"文字"工具栏中单击"单行文字"按钮，可以创建单行文字对象。

　　指定文字的起点，默认情况下，通过指定单行文字行基线的起点位置创建文字。如果当前文字样式的高度设置为 0，系统将显示"指定高度："提示信息，要求指定文字高度，否则不显示该提示信息，而使用"文字样式"对话框中设置的文字高度。然后系统显示"指定文字的旋转角度 < 0 >："提示信息，要求指定文字的旋转角度。文字旋转角度是指文字行排列方向与水平线的夹角，默认角度为 0°。输文字旋转角度，或按 Enter 键用默认角度 0°，最后输入文字即可。也可以切换到 Windows 的中文输入方式下，输入中文文字。设置对正方式：在"指定文字的起点或［对正 (J) /样式 (S)］:"提示信息后输入 J，可以设置文字的排列方式。此时命令行显示如下提示信息：输入对正选项［左 (L) /对齐 (A) /调整 (F) /中心 (C) /中间 (M) /右 (R) /左上 (TL) /中上 (TC) /右上 (TR) /左中 (ML) /正中 (MC) /右中 (MR) /左下 (BL) /中下 (BC) /右下 (BR)］< 左上 (TL) >。在 AutoCAD 2007 中，系统为文字提供了多种对正方式。

　　在"指定文字的起点或［对正 (J) /样式 (S)］:"提示下输入 S，可以设置当前使用的文字样式。选择该选项时，命令行显示如下提示信息。

　　输入样式名或［?］< Mytext >：可以直接输入文字样式的名称，也可输入"?"，在"AutoCAD 文本窗口"中显示当前图形已有的文字样式。

　　使用文字控制符在实际设计绘图中，往往需要标注一些特殊的字符。例如，在文字上方或下方添加画线、标注度 (°)、±、φ 等符号。这些特殊字符不能从键盘上直接输入，因此 AutoCAD 提供了相应的控制符，以实现这些标注要求。在 AutoCAD 的控制符中，%%O 和 %%U 分别是上画线与下画线的开关。第 1 次出现此符号时，可打开上画线或下画线，第 2 次出现该符号时，则会关掉上画线或下画线。在"输入文字："提示下，输入控制符时，这些控制符也临时显示在屏幕上，当结束文本创建命令时，这些控制符将从屏幕上消失，转换成相应的特殊符号。

　　编辑单行文字单行文字可进行单独编辑。编辑单行文字包括编辑文字的内容、对正方式及缩放比例，可以选择"修改"→"对象"→"文字"子菜单中的命令进行设置。各命令的功能如下：

"编辑"命令（DDEDIT）：选择该命令，然后在绘图窗口中单击需要编辑的单行文字，进入文字编辑状态，可以重新输入文本内容。

"比例"命令（SCALETEXT）：选择该命令，然后在绘图窗口中单击需要编辑的单行文字，此时需要输入缩放的基点以及指定新高度、匹配对象（M）或缩放比例（S）。

"对正"命令（JUSTIFYTEXT）：选择该命令，然后在绘图窗口中单击需要编辑的单行文字，此时可以重新设置文字的对正方式。

4.5.2　多行文字标注与编辑

"多行文字"又称为段落文字，是一种更易于管理的文字对象，可以由两行以上的文字组成，而且各行文字都是作为一个整体处理。选择"绘图"→"文字"→"多行文字"命令（MTEXT），或在"绘图"工具栏中单击"多行文字"按钮，然后在绘图窗口中指定一个用来放置多行文字的矩形区域，将打开"文字格式"工具栏和文字输入窗口。利用它们可以设置多行文字的样式、字体及大小等属性。

1. 使用"文字格式"工具栏

使用"文字格式"工具栏，可以设置文字样式、文字字体、文字高度、加粗、倾斜或加下画线效果。单击"堆叠/非堆叠"按钮，可以创建堆叠文字（堆叠文字是一种垂直对齐的文字或分数）。在使用时，需要分别输入分子和分母，其间使用/、#或^分隔，然后选择这一部分文字，单击按钮即可。

2. 设置缩进、制表位和多行文字宽度

在文字输入窗口的标尺上右击，从弹出的标尺快捷菜单中选择"缩进和制表位"命令，打开"缩进和制表位"对话框，可以从中设置缩进和制表位位置。其中，在"缩进"选项组的"第一行"文本框和"段落"文本框中设置首行和段落的缩进位置；在"制表位"列表框中可设置制表符的位置，单击"设置"按钮可设置新制表位，单击"清除"按钮可清除列表框中的所有设置。在标尺快捷菜单中选择"设置多行文字宽度"子命令，可打开"设置多行文字宽度"对话框，在"宽度"文本框中可以设置多行文字的宽度，如图4-16所示。

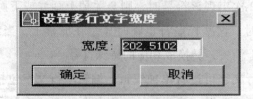

图 4-16　"设置多行文字宽度"对话框

3. 使用选项菜单

在"文字格式"工具栏中单击"选项"按钮，打开多行文字的选项菜单，可以对多行文本进行更多的设置，如图4 – 17所示。在文字输入窗口中右击，将弹出一个快捷菜单，该快捷菜单与选项菜单中的主要命令一一对应。

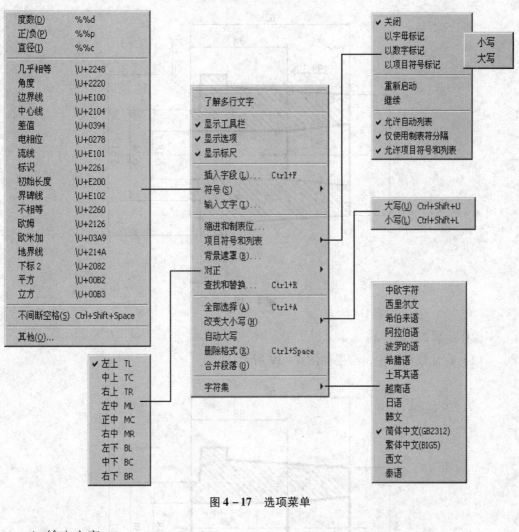

图4 – 17　选项菜单

4. 输入文字

在多行文字的文字输入窗口中，可以直接输入多行文字，也可以在文字输入窗口中右击，从弹出的快捷菜单中选择"输入文字"命令，将已经在其他文字编辑器中创建的文字内容直接导入到当前图形中。

5. 编辑多行文字

要编辑创建的多行文字，选择"修改"→"对象"→"文字"→"编辑"命令（DDEDIT），并单击创建的多行文字，打开多行文字编辑窗口，然后参照多行文字的设置方法，修改并编辑文字。也可以在绘图窗口中双击输入的多行文字，或在输入的多行文字上右击，从弹出的快捷菜单中选"重复编辑多行文字"命令或"编辑多行文字"命令，打开多行文字编辑窗口。

【**实例 4 – 1**】完成如图 4 – 18 所示尺寸的文字编辑。

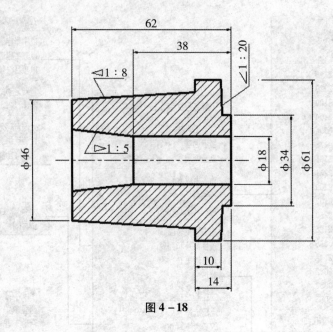

图 4 – 18

操作步骤如下：

（1）标注线性标注，结果如图 4 – 19 所示。

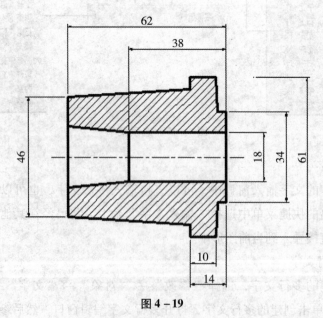

图 4 – 19

（2）利用编辑修改尺寸，改为直径 46、18、34、61。点击尺寸 46，ED，回车，在 46 前面输入%%C，如图 4-20 所示。

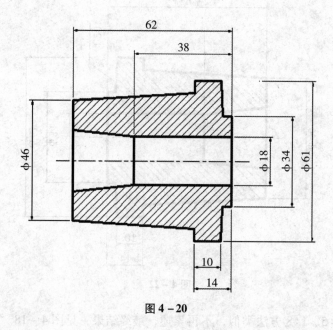

图 4-20

（3）利用引线与多行文字标注斜度和锥度（以 1∶20 斜度为例）。点击"绘图"工具栏，拾取引线放置点，绘制引线，结果如图 4-21 所示。

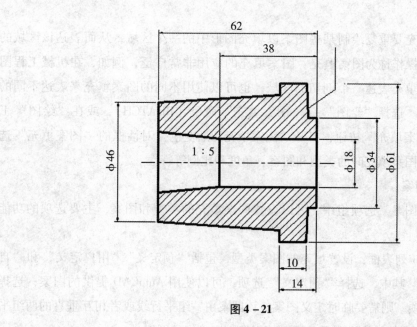

图 4-21

点击"绘图"工具栏 **A**，输入 1∶20；选中 1∶20 旋转，移动到合适位置，结果如

图 4 - 22 所示。

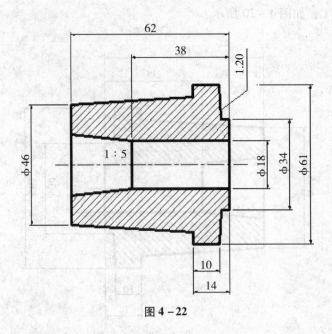

图 4 - 22

其他锥度 1:5、1:8 方法类似，不再累述，最终结果，见图 4 - 18。

4.6 图案填充

设置图案填充要重复绘制某些图案以填充图形中的一个区域，从而表达该区域的特征，这种填充操作称为图案填充。图案填充的应用非常广泛，例如，在机械工程图中，可以用图案填充表达一个剖切的区域，也可以使用不同的图案填充来表达不同的零部件或者材料。选择"绘图"→"图案填充"命令（BHATCH），或在"绘图"工具栏中单击"图案填充"按钮，打开"图案填充和渐变色"对话框的"图案填充"选项卡，可以设置图案填充时的类型和图案、角度和比例等特性。

1. 类型和图案

在"类型和图案"选项组中，可以设置图案填充的类型和图案，主要选项的功能如下。

"类型"下拉列表框：设置填充的图案类型，包括"预定义""用户定义"和"自定义" 3 个选项。其中，选择"预定义"选项，可以使用 AutoCAD 提供的图案；选择"用户定义"选项，则需要临时定义图案，该图案由一组平行线或者相互垂直的两组平行线组成；选择"自定义"选项，可以使用事先定义好的图案。

"图案"下拉列表框：设置填充的图案，当在"类型"下拉列表框中选择"预定义"时该选项可用。在该下拉列表框中可以根据图案名选择图案，也可以单击其后的按钮，在打开的"填充图案选项板"对话框中进行选择。

"样例"预览窗口：显示当前选中的图案样例，单击所选的样例图案，也可打开"填充图案选项板"对话框选择图案。

"自定义图案"下拉列表框：选择自定义图案，在"类型"下拉列表框中选择"自定义"类型时该选项可用。

2. 角度和比例

在"角度和比例"选项组中，可以设置用户定义类型的图案填充的角度和比例等参数，主要选项的功能如下。

"角度"下拉列表框：设置填充图案的旋转角度，每种图案在定义时的旋转角度都为零。

"比例"下拉列表框：设置图案填充时的比例值。每种图案在定义时的初始比例为可以根据需要放大或缩小。在"类型"下拉列表框中选"用户自定义"时该选项不可用。

"双向"复选框：当在"图案填充"选项卡中的"类型"下拉列表框中选择"用户定义"选项时，选中该复选框，可以使用相互垂直的两组平行线填充图形；否则为一组平行线。

"相对图纸空间"复选框：设置比例因子是否为相对于图纸空间的比例。

"间距"文本框：设置填充平行线之间的距离，当在"类型"下拉列表框中选择"用户自定义"时，该选项才可用。

"ISO 笔宽"下拉列表框：设置笔的宽度，当填充图案采用 ISO 图案时，该选项才可用。

3. 图案填充原点

在"图案填充原点"选项组中，可以设置图案填充原点的位置，因为许多图案填充需要对齐填充边界上的某一个点，主要选项的功能如下。

"使用当前原点"单选按钮：可以使用当前 UCS 的原点（0，0）作为图案填充原点。

"指定的原点"单选按钮：可以通过指定点作为图案填充原点。其中，单击"单击以设置新原点"按钮，可以从绘图窗口中选择某一点作为图案填充原点；选择"默认为边界范围"复选框，可以以填充边界的左下角、右下角、右上角、左上角或圆心作为图案填充原点；选择"存储为默认原点"复选框，可以将指定的点存储为默认的图案填充原点。

4. 边界

在"边界"选项组中，包括"拾取点"、"选择对象"等按钮，其功能如下。

"拾取点"按钮：以拾取点的形式来指定填充区域的边界。单击该按钮切换到绘图窗口，可在需要填充的区域内任意指定一点，系统会自动计算出包围该点的封闭填充边界，同时亮显该边界。如果在拾取点后系统不能形成封闭的填充边界，则会显示错误提示信息。

"选择对象"按钮：单击该按钮将切换到绘图窗口，可以通过选择对象的方式来定义填充区域的边界。

"删除边界"按钮：单击该按钮可以取消系统自动计算或用户指定的边界。

"重新创建边界"按钮：重新创建图案填充边界。

"查看选择集"按钮：查看已定义的填充边界。单击该按钮，切换到绘图窗口，已定义的填充边界将亮显。

5. 其他选项功能

在"选项"选项组中，"关联"复选框用于创建其边界时随之更新的图案和填充；"创建独立的图案填充"复选框用于创建独立的图案填充；"绘图次序"下拉列表框用于指定图案填充的绘图顺序，图案填充可以放在图案填充边界及所有其他对象之后或之前。

此外，单击"继承特性"按钮，可以将现有图案填充或填充对象的特性应用到其他图案填充或填充对象；单击"预览"按钮，可以使用当前图案填充设置显示当前定义的边界，单击图形或按 Esc 键返回对话框，单击、右击或按 Enter 键接受图案填充。

在进行图案填充时，通常将位于一个已定义好的填充区域内的封闭区域称为孤岛。单击"图案填充和渐变色"对话框右下角的按钮，将显示更多选项，可以对孤岛和边界进行设置，如图 4 - 23 所示。

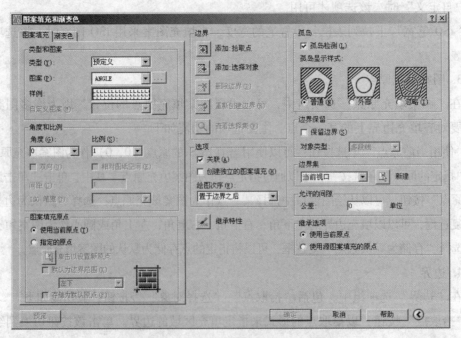

图 4 - 23 "图案填充和渐变色"对话框

6. 使用渐变色填充图形

使用"图案填充和渐变色"对话框的"渐变色"选项卡，可以创建单色或双色渐变色，并对图案进行填充，如图 4 – 24 所示。

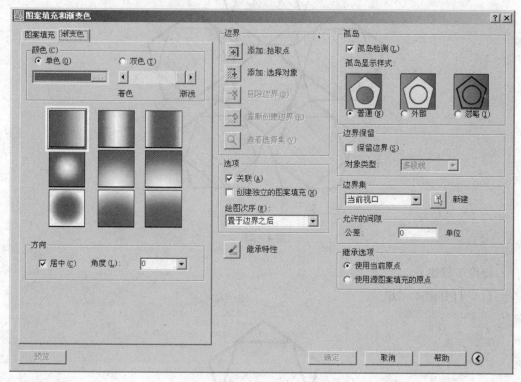

图 4 – 24 "渐变色"选项卡

7. 编辑图案填充

创建的图案填充后，如果需要修改填充图案或修改图案区域的边界，可选择"修改"→"对象"→"图案填充"命令，然后在绘图窗口中单击需要编辑的图案填充，这时将打开"图案填充编辑"对话框。"图案填充编辑"对话框与"图案填充和渐变色"对话框的内容完全相同，只是定义填充边界和对孤岛操作的某些按钮不再可用。

8. 分解图案

图案是一种特殊的块，称为"匿名"块，无论形状多复杂，它都是一个单独的对象。可以使用"修改"→"分解"命令来分解一个已存在的关联图案。图案被分解后，它将不再是一个单一对象，而是一组组成图案的线条。同时，分解后的图案也失去了与图形的关联性，因此，将无法使用"修改"→"对象"→"图案填充"命令来编辑。

【**实例4-2**】完成如图4-25所示的图案填充。

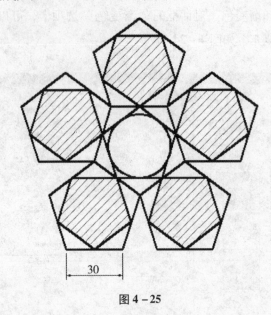

图4-25

操作步骤如下：

（1）打开图4-26。

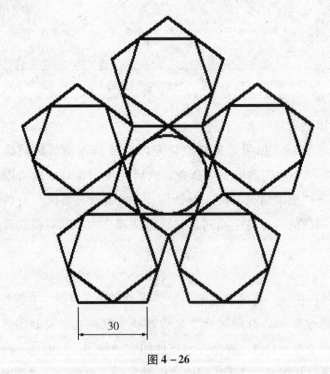

图4-26

（2）图案填充。点击"绘图"工具栏中 ，弹出"图案填充与渐变线"对话框，如图 4 – 27 所示。

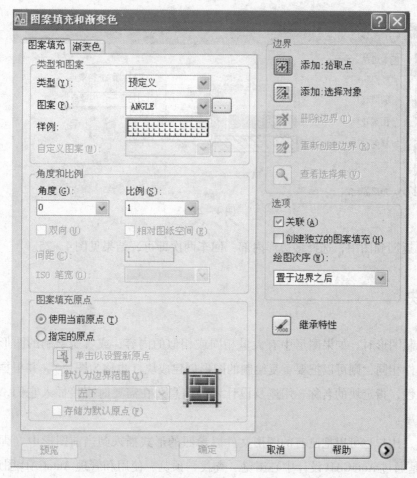

图 4 – 27

（3）点击图案 ANSI31，如图 4 – 28 所示。

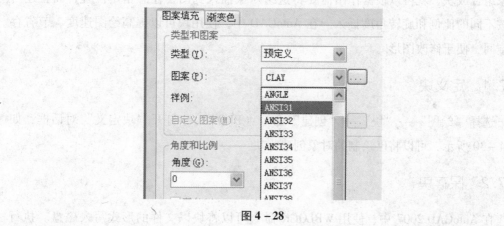

图 4 – 28

（4）拾取对话框中边界按钮，如图 4 – 29 所示。

图 4 – 29

（5）返回到图中，选择多边形内部，回车两次即可，结果见图 4 – 25。

4.7 块

在绘制图形时，如果图形中有大量相同或相似的内容，或者所绘制的图形与已有的图形文件相同，则可以把要重复绘制的图形创建成块（也称为图块），并根据需要为块创建属性，指定块的名称、用途及设计者等信息，在需要时直接插入它们，从而提高绘图效率。

当然，用户也可以把已有的图形文件以参照的形式插入到当前图形中（即外部参照），或是通过 AutoCAD 设计中心浏览、查找、预览、使用和管理 AutoCAD 图形、块、外部参照等不同的资源文件。

块是一个或多个对象组成的对象集合，常用于绘制复杂、重复的图形。一旦一组对象组合成块，就可以根据作图需要将这组对象插入到图中任意指定位置，而且还可以按不同的比例和旋转角度插入。在 AutoCAD 中，使用块可以提高绘图速度、节省存储空间、便于修改图形。

4.7.1 定义块

选择"绘图"→"块"→"创建"命令（BLOCK），打开"块定义"对话框，如图 4 – 30 所示，可以将已绘制的对象创建为块。

4.7.2 保存块

在 AutoCAD 2007 中，使用 WBLOCK 命令可以将块以文件的形式写入磁盘。执行

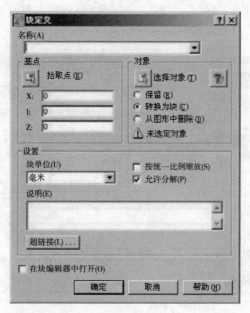

图 4 - 30

WBLOCK 命令将打开"写块"对话框，如图 4 - 31 所示。

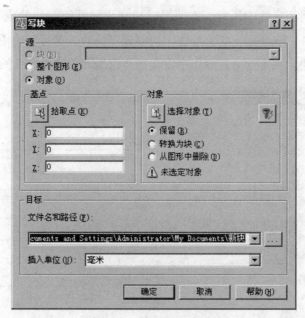

图 4 - 31 "写块"对话框

4.7.3 块属性

选择"修改"→"对象"→"属性"→"块属性管理器"命令（BATTMAN），或在"修改Ⅱ"工具栏中单击"块属性管理器"按钮，都可打开"块属性管理器"对话框，如图4-32所示，可在其中管理块中的属性。

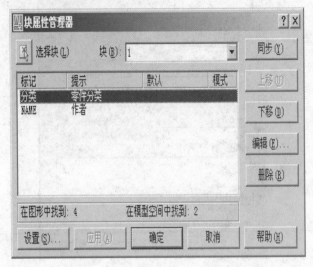

图 4-32

4.7.4　定义属性

在创建带有附加属性的块时，需要同时选择块属性作为块的成员对象，"属性定义"对话框如图4-33所示。带有属性的块创建完成后，就可以使用"插入"对话框，在文档中插入该块。在本章上机操作中将详细介绍插入带属性定义的块。

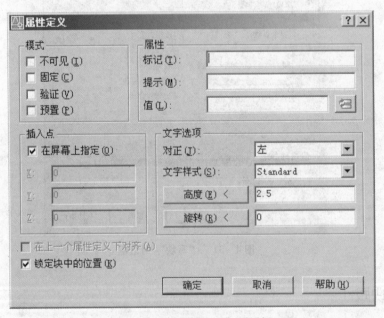

图 4-33　"属性定义"对话框

4.7.5 修改属性

选择"修改"→"对象"→"文字"→"编辑"命令（DDEDIT）或双击块属性，打开"编辑属性定义"对话框。使用"标记"、"提示"和"默认"文本框可以编辑块中定义的标记、提示及默认值属性。

图 4 – 34 "编辑属性定义"对话框

4.7.6 定义带属性的块

选择"绘图"→"块"→"定义属性"命令（ATTDEF），可以使用打开的"属性定义"对话框创建块属性。

1. 属性

属性是随着块插入的附属文本信息。属性包含用户生成技术报告所需的信息，它可以是常量或变量、可视或不可视的，当用户将一个块及属性插入到图形中时，属性按块的缩放、比例和转动来显示。

2. 定义属性

创建属性块之前必须预定义属性，通过预先定义文本大小、样式、对齐方式、层及文本的其他特点，可简化可视属性文本输入信息。具体定义方法如下：

（1）在命令行下输入"attdef"，再输入 I，c，v 或 p 或回车，各选项含义分别为：I：不可见；C：常值；V：校验；P：预置；一般情况用回车即可。

（2）输入属性标记。该标记非常重要，它是用属性块生成技术报告时的字段名，可用相关的英文单词或汉语拼音表示，对于将在同一个报告中出现的属性，不要使用相同的标记名。

（3）输入提示文本，也可直接回车不显示提示信息。

（4）输入缺省的属性值。

（5）接下去的提示与"text"命令相同。

（6）每个属性均要重复以上定义过程。属性定义完成后，可以进行移动、复制、旋转、镜像、对齐等操作。

3. 定义属性块

属性块的定义方法与普通块的定义基本一致，只是选择实体时，要把将在块中出现的属性选中。为方便多个图形文件共用，也可以用"wblock"命令将属性块写入硬盘。

4. 使用属性块

（1）插入操作。属性块的插入方法与普通块的插入方法基本一致，只是在回答完块的旋转角度后需输各属性的具体值。

（2）编辑属性。块插入完成后，由于种种原因，可能需对某些属性值进行修改，这时一个常见的错误是：先用"explode"将块炸开，再准备做修改操作，但在块被炸开后会发现，这时属性值全部变成了属性标记值。其实，修改属性值非常方便，仅需进行属性编辑即可，具体方法是：在 modify 菜单中选择"modifyat－tribute"或直接输入"ddatte"命令，选中待修改的属性块，在对话框中可以修改该块中所有的属性值。

5. 利用属性生成报告

属性的报告特征，使用户可以从图形中提取属性值，然后，用它们来生成 1 份独立的报告。提取属性要求 1 个模板文件，该文件定义了属性的标记，同时还定义了每个区域的大小（参见实例）。对于提取属性来说，有 3 种输出文件格式，分别为 sdf（空格定界）格式、df（逗号定界）格式以及 dxf（图形交换码）格式。许多数据库都能识别 cdf 格式的输出文件，而 sdf 格式的输出文件不仅能为数据库程序所识别，而且也能为电子表格利用。

这 3 种格式的输出文件都可以用各种高级语言编写的程序来识别。提取属性所用的命令是"attext"或对话框形式的"ddattext"。

4.7.7 插入块

选择"插入"→"块"命令（INSERT），打开"插入"对话框，如图 4－35 所

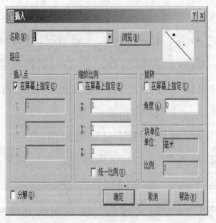

图 4－35 "插入"对话框

示。用户可以利用它在图形中插入块或其他图形，并且在插入块的同时还可以改变所插入块或图形的比例与旋转角度。

4.7.8 块属性编辑

选择"修改"→"对象"→"属性"→"单个"命令（EATTEDIT），或在"修改Ⅱ"工具栏中单击"编辑属性"按钮，都可以编辑块对象的属性。在绘图窗口中选择需要编辑的块对象后，系统将打开"增强属性编辑器"对话框，如图4-36所示。

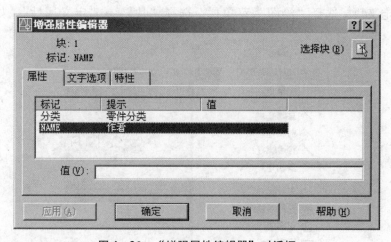

图4-36 "增强属性编辑器"对话框

【实例4-3】将如图4-37所示的图形表面粗糙度定义为块，并插入到指定位置。

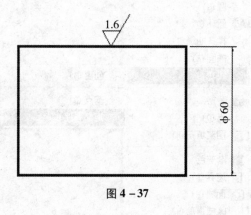

图4-37

操作步骤如下：

（1）绘制粗糙度。根据国家标准，如果选择字体高度为5，则粗糙度的符号左边高度为7，右边高度为15，角度为60，如图4-38所示。

— 129 —

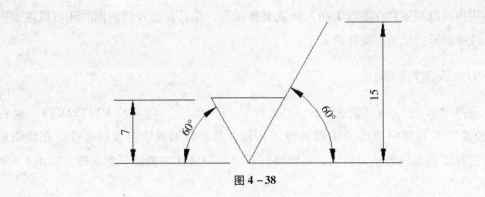

图 4－38

（2）定义块。选择"绘图"菜单栏，选择"块"→"定义属性"，如图 4－39所示。

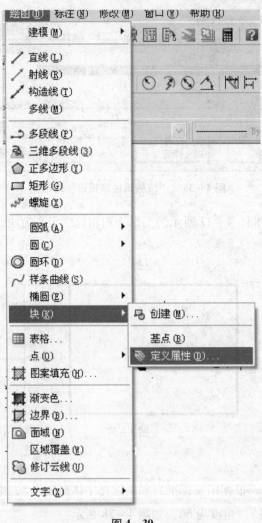

图 4－39

弹出"属性定义"对话框，如图4-40所示。

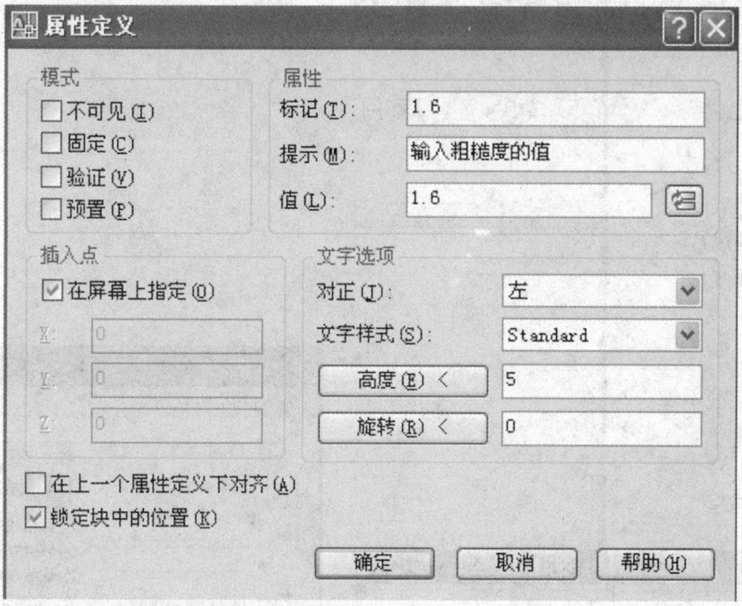

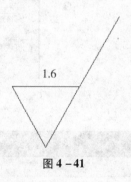

图4-40

填写内容如图4-40所示，单击 **确定** 按钮。将"1.6"放在指定位置，如图4-41所示。

1.6

图4-41

（3）创建块。点击菜单栏"绘图"→"块"→"创建"，如图4-42所示。

弹出"块定义"对话框，如图4-43所示。

在图4-44中，输入粗糙度。

结果如图4-45所示。

拾取⊞，指定基点，如图4-46所示。

拾取交点，如图4-47所示。

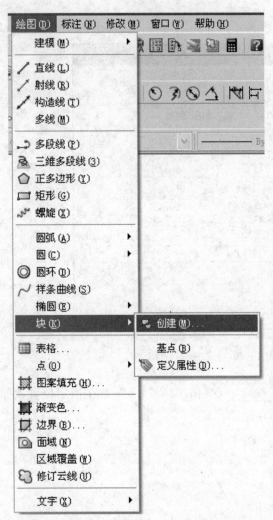

图 4 – 42

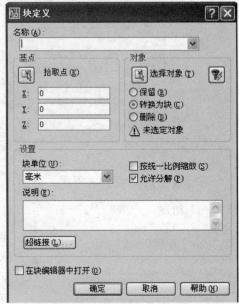

图 4 – 43

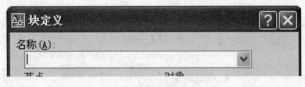

图 4 – 44

图 4 – 45

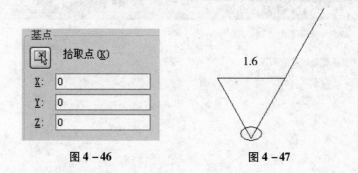

图 4－46　　　　　　　　　　图 4－47

拾取点后，如图 4－48 所示。

图 4－48

按 ▣，选取对象，如图 4－49 所示。

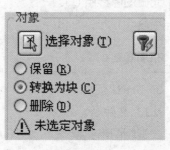

图 4－49

全部选择所画粗糙度包括数字，按 ▭ 确定 ，弹出如图 4－50 所示的对话框。

（4）插入块。点击菜单栏"插入"→"块"，如图 4－51 所示。

弹出"插入"对话框，如图 4－52 所示。

按 ▭ 确定 按钮，出现粗糙度，放置到合适地方，弹出命令后，请输入粗糙度的值 3.2，回车即可，结果见图 4－37。

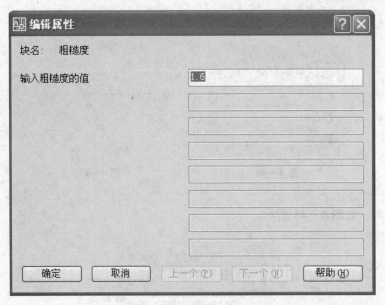

图 4 – 50

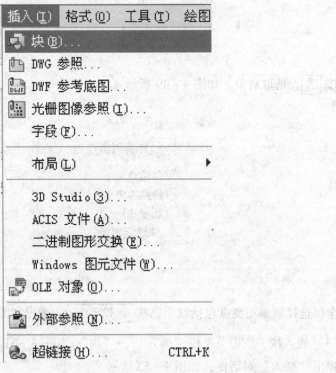

图 4 – 51

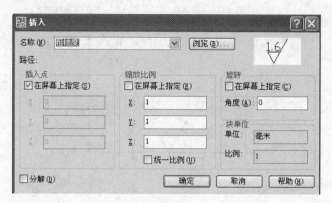

图 4-52

练习题

习题一：创建箭头块

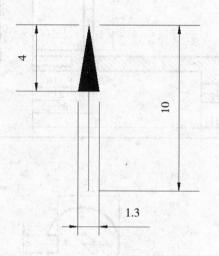

习题二：创建基准符号块

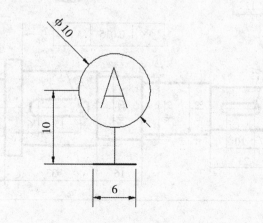

习题三：创建粗糙度的块

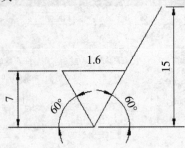

习题四：

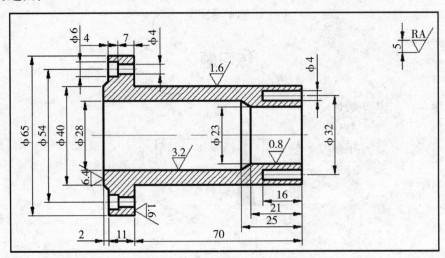

习题五：

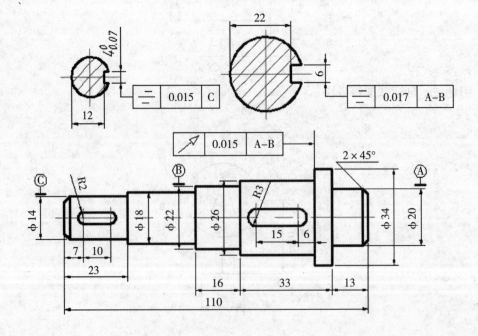

5 绘制零件图

之前内容已经讲解了 AutoCAD 的基本操作命令，此软件最终还是要绘制零件图样，这是制图的重点，也是 AutoCAD 的重点。在此章将讲解 4 个零件的绘制过程，为第 6 章装配图的绘制做准备。

5.1 绘制支座零件图

支座零件图，如图 5 - 1 所示。

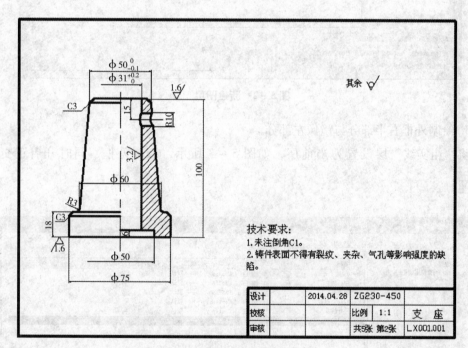

图 5 - 1　支座零件图

操作方法：

1. 建立样板

（1）打开 A3 样板图形。单击"标准"工具栏中的 □ 按钮，弹出"选择样板"对话框后，在样板名称列表框中选中"A3 样板图形"，单击 **打开 (0)** 按钮，即可打开

A3 样板图形。

（2）选择菜单"文件"→"另存为"对话框，在"文件名"文本框中输入"支座"，在"文件类型"下拉列表中选择"AutoCAD 2007 图形（*.dwg）"选项，单击 保存(S) 按键，创建文件"支座.dwg"。

2. 新建图层 （如图 5 – 2 所示）

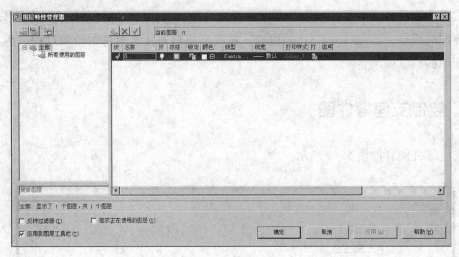

图 5 – 2　新建图层

3. 绘制外框右半部分与镜像左部分

将"粗实线"层设置为当前层，如图 5 – 3 所示，绘制外框，同时开启正交模式 正交。

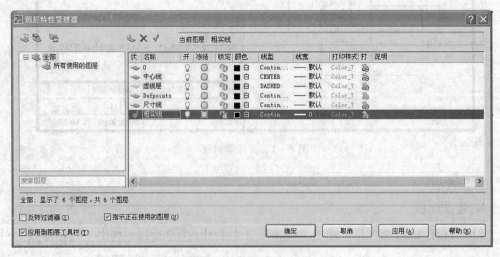

图 5 – 3　设置"粗实线"

开启正交模式：

命令：_ line

指定第一点：点击屏幕任意一点

指定下一点或［放弃（U）］：37.5 回车（光标向右）

指定下一点或［放弃（U）］：18 回车（光标向上）

指定下一点或［闭合（C）／放弃（U）］：7.5 回车（光标向左）

指定下一点或［闭合（C）／放弃（U）］：@ -7.5，82 回车

指定下一点或［闭合（C）／放弃（U）］：22.5 回车（光标向左）

指定下一点或［闭合（C）／放弃（U）］：拾取起始点回车

结果如图 5 -4 所示。

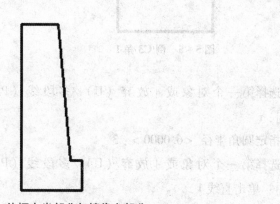

图 5 -4　外框右半部分与镜像左部分

4. 倒圆角和倒角

（1）倒 C3 角。

命令：_ chamfer

选择第一条直线或［放弃（U）／多段线（P）／距离（D）／角度（A）／修剪
（T）／方式（E）／多个（M）］：d 指定第一个倒角距离 <0.0000 >：3 回车

指定第二个倒角距离 <3.0000 >：3 回车

选择第一条直线或［放弃（U）／多段线（P）／距离（D）／角度（A）／修剪
（T）／方式（E）／多个（M）］：点击 1 线

选择第二条直线，或按住 Shift 键选择要应用角点的直线：点击 2 线

结果如图 5 -5 所示。

另一端 C3 角方法一致，结果如图 5 -6 所示。

（2）倒 R3 角。

命令：_ fillet

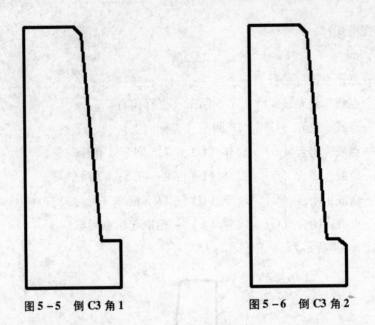

图 5 – 5 倒 C3 角 1   图 5 – 6 倒 C3 角 2

选择第一个对象或［放弃（U）/多段线（P）/半径（R）/修剪（T）/多个（M）］：r

指定圆角半径 ＜6.0000＞：3

选择第一个对象或［放弃（U）/多段线（P）/半径（R）/修剪（T）/多个（M）］：单击直线 1

选择第二个对象，或按住 Shift 键选择要应用角点的对象：单击直线 2

直线 1 和直线 2 如图 5 – 7 所示。

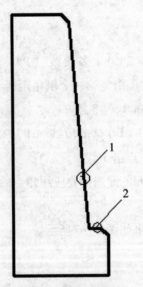

图 5 – 7 直线 1 和直线 2

结果如图 5 – 8 所示。

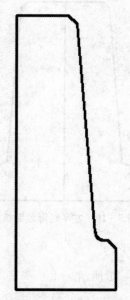

图 5 – 8　倒 R3 角

5. 绘制左半轮廓。

命令：mi

选择对象：指定对角点：框选上一步绘制的轮廓

指定镜像线的第一点：点击 1 点（如图 5 – 9 所示）

指定镜像线的第二点：点击 2 点（如图 5 – 9 所示）

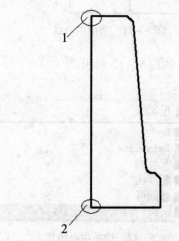

图 5 – 9　指定对角点 1 和 2

要删除源对象吗？［是（Y）/否（N）］＜N＞：回车

— 141 —

结果如图 5 - 10 所示。

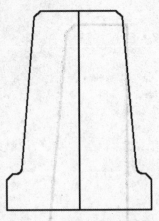

图 5 - 10 左半轮廓绘制结果

6. 选中中心线变线型

选中中心线，点击，如图 5 - 11 所示。

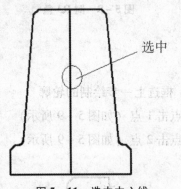

选中

图 5 - 11 选中中心线

点击图层，选中中心线层，如图 5 - 12 所示。

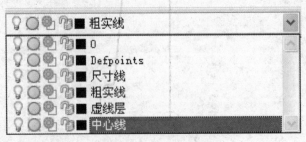

图 5 - 12 选中中心线层

利用夹点拉长，结果如图 5 - 13 所示。

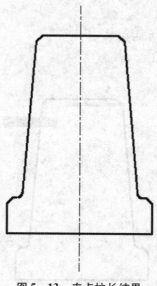

图 5 - 13　夹点拉长结果

7. 绘制左轮廓直线并修剪

命令：_ line 指定第一点：点击第 1 点（如图 5 - 14 所示）

指定下一点或［放弃（U）］：点击第 2 点（如图 5 - 14 所示）

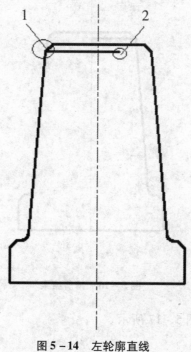

图 5 - 14　左轮廓直线

修剪直线。

命令：tr 回车两次

点击出头的线，如图 5 – 15 所示。

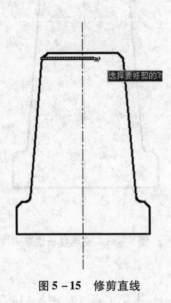

图 5 – 15　修剪直线

修剪结果如图 5 – 16 所示。

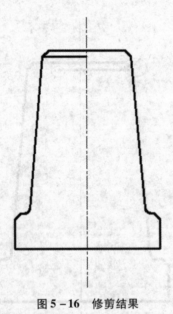

图 5 – 16　修剪结果

其余线同法，结果如图 5 – 17 所示。

8. 绘制右边轮廓

偏移命令，如图 5 – 18 所示。

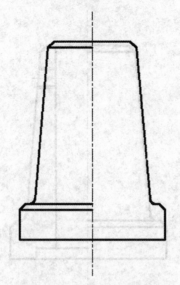

图 5 – 17   绘制其余线结果

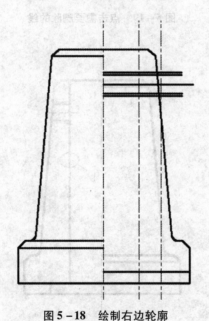

图 5 – 18   绘制右边轮廓

9. 修剪绘制圆弧

命令：TR 回车两次

点击需要删除的线，结果如图 5 – 19 所示。

偏移 1 号线，如图 5 – 20 所示。

命令：o

指定偏移距离或 [通过（T）/删除（E）/图层（L）] ＜1.0000＞：1

选择要偏移的对象，或 [退出（E）/放弃（U）] ＜退出＞：选择 1 号线

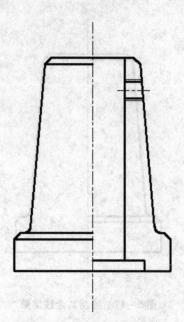

图 5 – 19 点击需要删除的线

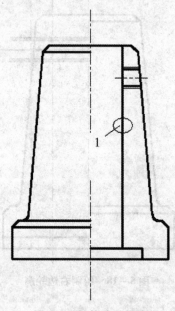

图 5 – 20 偏移 1 号线

指定要偏移的那一侧上的点，或 ［退出（E）/多个（M）/放弃（U）］＜退出＞：
点击左侧

命令：_ arc 指定圆弧的起点或 ［圆心（C）］：拾取第 1 点

指定圆弧的第二个点或 ［圆心（C）/端点（E）］：拾取第 2 点

指定圆弧的端点：拾取第 3 点（如图 5 – 21 所示）

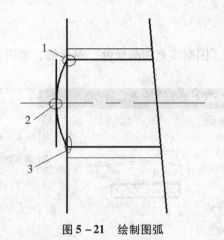

图 5-21　绘制图弧

另一端圆弧方法一致，结果如图 5-22 所示。

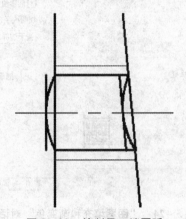

图 5-22　绘制另一端圆弧

删除多余的线，如图 5-23 所示。

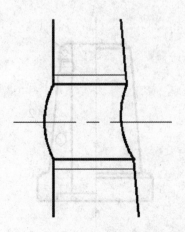

图 5-23　删除多余的线

10. 图案填充

点击 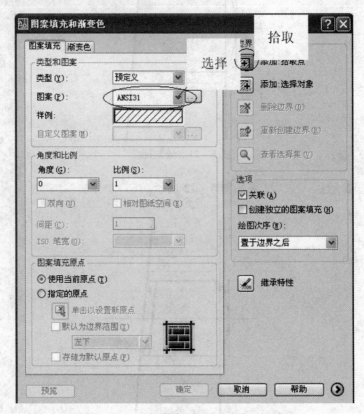 按钮，弹出"图案填充和渐变色"对话框，如图 5 - 24 所示。

图 5 - 24 "图案填充和渐变色"对话框

拾取区域 1 和 2，如图 5 - 25 所示。

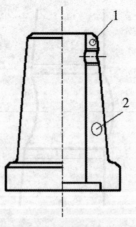

图 5 - 25 拾取区域 1 和 2

结果如图 5 - 26 所示。

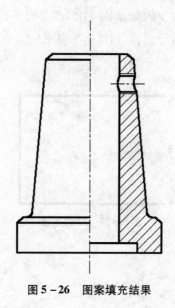

图 5 - 26 图案填充结果

5.2 绘制调节螺母零件图

1. 建立样板

（1）打开 A3 样板图形。单击"标准"工具栏中的 ▢ 按钮，弹出"选择样板"对话框后，在样板名称列表框中选中"A3 样板图形"，单击 **打开(O)** 按钮，即可打开 A3 样板图形。

（2）选择菜单"文件"→"另存为"选项，弹出"图形另存为"对话框，在文件名对话框中输入"调节螺母"，在"文件类型"下拉列表中选择"AutoCAD 2007 图形（＊.dwg）"选项，单击 **保存(S)** 按钮，创建文件"调节螺母.dwg"。

2. 新建图层

单击"标准"工具栏中 ▧ 按钮弹出"选择样板"对话框后，单击 ▧ 按钮新建图层。设置完成后，单击 ✓ 设粗实线层为当前线层。

3. 绘制图中的直线

打开正交模式，点击 正交 。

命令：L（回车）

LINE 指定第一点：在屏幕上指定任意一点

指定下一点或［放弃（U）］：55/2（回车）光标向右

指定下一点或［放弃（U）］：20（回车）光标向上

指定下一点或［闭合（C）／放弃（U）］：55/2（回车）光标向左

指定下一点或［闭合（C）／放弃（U）］：（回车）

结果如图 5 - 27 所示。

图 5 - 27　绘制直线

4. 倒角

单击倒角 。

命令：_ chamfer（回车）

选择第一条直线或［放弃（U）／多段线（P）／距离（D）／角度（A）／修剪（T）／方式（E）／多个（M）］：选择距离 D（回车）

输入指定第一个倒角距离 <2.0>：2（回车）

输入指定第二个倒角距离 <2.0>：2（回车）

单击选择第一条直线或［放弃（U）／多段线（P）／距离（D）／角度（A）／修剪（T）／方式（E）／多个（M）］：点击倒角的第一根直线

单击选择第二条直线，或按住 Shift 键选择要应用角点的直线：点击倒角第二根直线

另一个倒角同上方法，结果如图 5 - 28 所示。

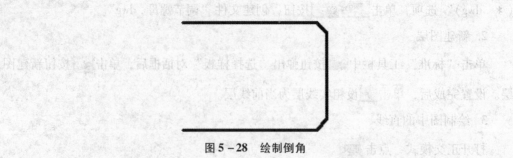

图 5 - 28　绘制倒角

绘制中心线：单击你所新建的图层，点击中心线，利用直线指令快捷键 L 空格，如图 5 - 29 所示。

命令：l（回车）

LINE 指定第一点：

指定下一点或［放弃（U)］：左键确定

指定下一点或［放弃（U)］：（回车）

命令：点击绘制的中心线单击蓝色小方块拉伸

指定拉伸点或［基点（B）/复制（C）/放弃（U）/退出（X)］：随意拉伸长度

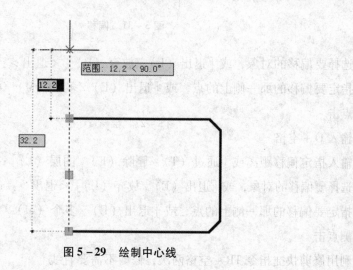

图 5 – 29　绘制中心线

5. 镜像

利用镜像指令，单击  或 MI 快捷键。

命令：mi（回车）

指定镜像线的第一点：选中中心线的一点

指定镜像线的第二点：选中中心线的另一点，回车

结果如图 5 – 30 所示。

图 5 – 30　镜像结果

6. 偏移

偏移快捷指令，单击 或 O 空格。

命令：o 回车

输入指定偏移距离或［通过（T）/删除（E）/图层（L)］＜1.0＞：15（回车）
（如图 5 – 31 所示）

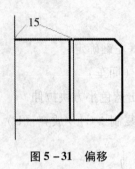

图 5 – 31　偏移

选择要偏移的对象，或［退出（E）/放弃（U）］＜退出＞：点击中心线

指定要偏移的那一侧上的点，或［退出（E）/多个（M）/放弃（U）］＜退出＞：
向右点击

输入 O + 空格

输入指定偏移距离或［通过（T）/删除（E）/图层（L）］＜1.0＞：2 回车

选择要偏移的对象，或［退出（E）/放弃（U）］＜退出＞：选择刚刚偏移 15 的直线

指定要偏移的那一侧上的点，或［退出（E）/多个（M）/放弃（U）］＜退出＞：
向左侧点击

利用修剪快捷指令 TR + 空格两次，修剪不需要直线。

然后单击 ，再单击图案旁的 选择 ANSI31 之后单击 添加:拾取点，右键再单击
"确定"，如图 5 – 32 所示。

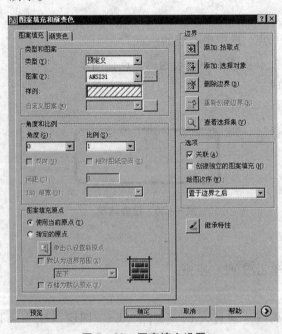

图 5 – 32　图案填充设置

结果如图 5 - 33 所示。

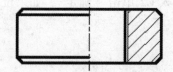

图 5 - 33　右半部分图案填充结果

滚花同剖面线一样，将 ANSI31 改为 ANSI37 就行了，如图 5 - 34 所示。

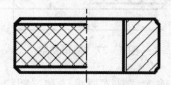

图 5 - 34　左半部分图案填充结果

7. 标注线性

单击 **标注 (N)** 点击线性。

指定第一条尺寸界线原点或 < 选择对象 >：点击 55 尺寸的端点

指定第二条尺寸界线原点：点击 55 尺寸的另一个端点

点击适当的位置，如图 5 - 35 所示。

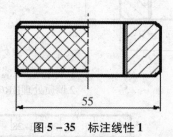

图 5 - 35　标注线性 1

点击 55 输入 ED 空格，在 55 后输入％％C 点击 "确定"，如图 5 - 36 所示。

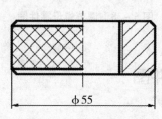

图 5 - 36　标注线性 2

8. 编辑多行文字

点击 **A**，选择编辑范围输入 C2 单击"确定"，如果位置不好，可以利用移动命令进行调整，如图 5 – 37 所示。

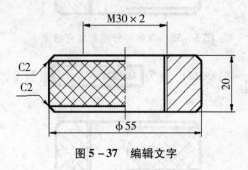

图 5 – 37　编辑文字

在样板图中用文字输入法输入"技术要求"和"粗糙度"，整个零件图如图 5 – 38 所示。

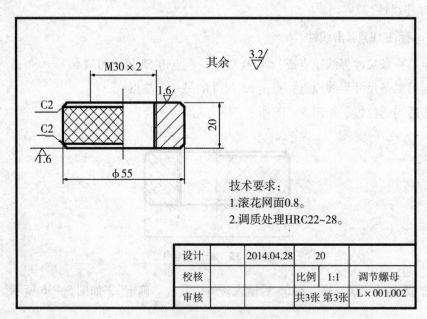

技术要求：
1.滚花网面0.8。
2.调质处理HRC22~28。

设计		2014.04.28	20	
校核		比例	1:1	调节螺母
审核		共3张 第3张		L×001.002

图 5 – 38　调节螺母零件图

5.3　绘制紧固螺钉零件图

1. 建立样板

（1）单击"标准"工具栏中的 按钮，弹出"选择样板"对话框后，在样板名称列表中选中"A3 样板图形"，单击 打开(0) ▼ 按钮，即可新建 A3 样板图形。

（2）选择菜单"文件"→"另存为"选项，弹出"图形另存为"对话框，在"文件名"本文框中输入"紧固螺钉"，在"文件类型"下拉列表中选择"AutoCAD 2007 图形（＊.dwg）"选项，单击 保存(S) 按钮，创建文件"紧固螺钉.dwg）。

2. 新建图层

单击"标准"工具栏中 按钮弹出"选择样板"对话框后，单击 按钮新建图层。设置完成后，单击 设细实线当前线层。

3. 绘制下半部分外部轮廓

（1）单击屏幕下方 正交 按钮，打开正交模式。

（2）选择细点画线，输入直线命令 L（line），指定第一点，输入任意长度。此时更换"粗实线"为当前线层。

命令：_ line 回车（单击"绘图"工具栏中的 按钮，启动直线命令）

选择点画线右边端点为起始点。

指定下一点或〔放弃（U）〕：7.5 回车　（向下移动光标）

指定下一点或〔放弃（U）〕：20 回车　（向左移动光标）

指定下一点或〔放弃（U）〕：3.5 回车　（向上移动光标）

指定下一点或〔放弃（U）〕：3 回车　（向左移动光标）

指定下一点或〔放弃（U）〕：1 回车　（向下移动光标）

指定下一点或〔放弃（U）〕：8 回车　（向左移动光标）

指定下一点或〔放弃（U）〕：2 回车　（向下移动光标）

指定下一点或〔放弃（U）〕：6 回车　（向左移动光标）

指定下一点或〔放弃（U）〕：3 回车　（向下移动光标）

4. 倒角

单击修改工具栏中 按钮（倒圆角按钮），在如图 5 - 39 所示的地方进行倒圆角。

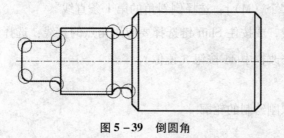

图 5 - 39　倒圆角

命令：_ fillet（倒圆角）

选择第一个对象或［放弃（U）/多段线（P）/半径（R）/修剪（T）/多个（M）］：t 回车

输入修剪模式选项［修剪（T）/不修剪（N）］<不修剪>：t 回车

选择第一个对象或［放弃（U）/多段线（P）/半径（R）/修剪（T）/多个（M）］：r 回车

指定圆角半径 <3.0000>：1 回车

选择第一个对象或［放弃（U）/多段线（P）/半径（R）/修剪（T）/多个（M）］：选择倒角对应的第 1 条直线

选择第二个对象，或按住 Shift 键选择对应角点的对象：选择倒角对应的第 2 直线

重复命令完成多次倒角。

单击修改工具栏中 按钮（倒角）进行倒斜角。在如图 5 - 40 所示的位置倒斜角。

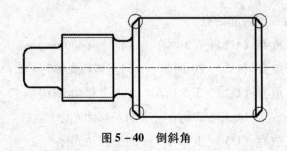

图 5 - 40　倒斜角

命令：_ chamfer（倒角）

选择第一条直线或［放弃（U）/多段线（P）/距离（D）/角度（A）/修剪（T）/方式（E）/多个（M）］：D 回车

指定第一个倒角距离 <1.0000>：1 回车

指定第二个倒角距离 <1.0000>：1 回车

选择第一条直线或［放弃（U）/多段线（P）/距离（D）/角度（A）/修剪（T）/方式（E）/多个（M）］：选择倒斜角的第 1 条直线

选择第二条直线，或按住 Shift 键选择要应用角点的直线：选择倒斜角的第 2 直线

倒完角后单击修改栏中 按钮（镜像）。

命令：_ mirror

选择对象：选取刚绘制的轮廓

单击鼠标右键

指定镜像线的第一点：选择中心线上的一点

指定镜像线的第二点：选择中心线上的另一点

要删除源对象吗？［是（Y）/否（N）］＜N＞：回车

5. 绘圆

命令：o + 空格键

指定偏移距离或［通过（T）/删除（E）/图层（L）］＜10.0000＞：10 回车

选择要偏移的对象，或［退出（E）/放弃（U）］＜退出＞：选择最右边轮廓线

指定要偏移的那一侧上的点，或［退出（E）/多个（M）/放弃（U）］＜退出＞：（光标向左移动然后单击左键）

选择要偏移的对象，或［退出（E）/放弃（U）］＜退出＞：回车

把偏移后的粗线更改为细点画线，设置粗实线为当前层。

单击绘图工具栏 ⊘ 。

命令：_ circle 回车

指定圆的圆心或［三点（3P）/两点（2P）/相切、相切、半径（T）］：（以两条点画线的交点为圆心）

指定圆的半径或［直径（D）］＜1.0666＞：4 回车

6. 完成紧固螺钉零件图其他内容

标注尺寸的操作方法参见第 4 章。

标注通孔尺寸时，可先用引线标注命令标注出 $\phi8$，然后利用"多行文字"输入命令输入 $\phi8$ 通孔，如果位置不好，可以利用夹点编辑进行调整位置，如图 5 - 41 所示。

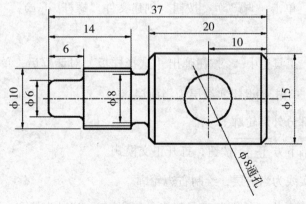

图 5 - 41　标注尺寸

在样板图中用文字输入法输入"技术要求"和"粗糙度"，整个零件图如图 5 - 42 所示。

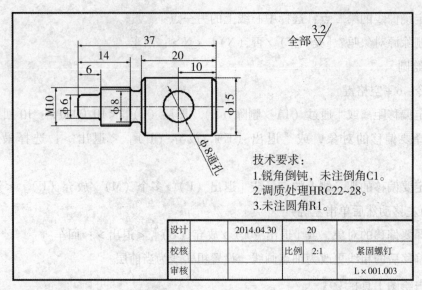

技术要求：
1.锐角倒钝，未注倒角C1。
2.调质处理HRC22~28。
3.未注圆角R1。

设计		2014.04.30	20	
校核			比例	2:1	紧固螺钉
审核				L×001.003

图 5 − 42　紧固螺钉零件图

5.4　绘制螺杆零件图

1. 新建 A3 样板图

（1）单击"标准"工具栏中的 □ 按钮，弹出"选择样板"对话框后，在样板名称列表中选中"A3 样板图形"，单击 **打开(O)** ▼按钮，即可新建 A3 样板图形。

（2）选择菜单"文件"→"另存为"选项，弹出"图形另存为"对话框，在"文件名"本文框中输入"螺杆"，在"文件类型"下拉列表中选择"AutoCAD 2007 图形（∗.dwg）"选项，单击 **保存(S)** 按钮，创建文件"螺杆.dwg）"。

2. 新建图层

单击"标准"工具栏中 ≋ 按钮弹出"选择样板"对话框后，单击 ≋ 按钮新建图层。设置完成后，单击 ✓ 设粗实线层为当前层。

3. 绘制右半部分外部轮廓

（1）单击屏幕下方 **正交** 按钮，打开正交模式。

（2）选择粗实线为当前层，绘制右边轮廓。

命令：_ line（单击"绘图"工具栏中的 ╱ 按钮，启动直线命令）

指定下一点或［放弃（U）］：15 回车　　（向右移动光标）

指定下一点或［放弃（U）］：90 回车　　（向上移动光标）

指定下一点或［放弃（U）］：3.5 回车　　（向左移动光标）

指定下一点或〔放弃（U）〕：10 回车　　（向上移动光标）

指定下一点或〔放弃（U）〕：8.5 回车　　（向右移动光标）

指定下一点或 20 回车　　（向上移动光标）

指定下一点或（向左画一根长度任意的直线）

命令：o 空格

指定偏移距离或〔通过（T）/删除（E）/图层（L）〕＜通过＞：105 回车

选择要偏移的对象，或〔退出（E）/放弃（U）〕＜退出＞：选择最下面直线

指定要偏移的那一侧上的点，或〔退出（E）/多个（M）/放弃（U）〕＜退出＞：（向上点击）

选择要偏移的对象，或〔退出（E）/放弃（U）〕＜退出＞：回车

用相同方法将粗线再次向上偏移 3。同样方法，使中心线向右偏移 1.5。

命令：tr + 空格两次

选择剪切边。

选择对象或 ＜全部选择＞：选择要修剪的直线

选择要修剪的对象，或按住 Shift 键选择要延伸的对象，或

〔栏选（F）/窗交（C）/投影（P）/边（E）/删除（R）/放弃（U）〕：回车

修剪多余线条，如图 5 - 43 所示。

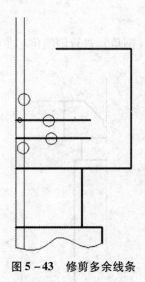

图 5 - 43　修剪多余线条

（3）输入直线命令，以如图 5 - 44 所示点为起始点画一根角度 45°、长度任意的一条直线。

命令：_ line 指定第一点：

指定下一点或〔放弃（U）〕：@ 25 ＜ 45

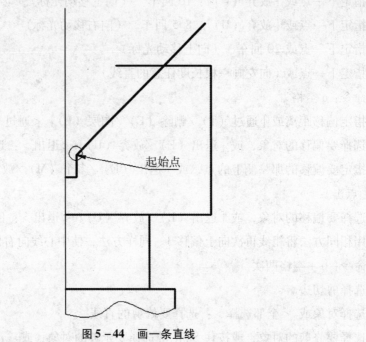

图 5 - 44　画一条直线

指定下一点或 ［放弃（U）］：＊取消＊（Esc）

修剪多余线条。

4. 倒角

单击修改工具栏中┌按钮（倒角）进行倒斜角。在如图 5 - 45 所示的位置倒斜角。

图 5 - 45　倒斜角

注：两处倒角尺寸不同

A 处倒角：

命令：_ chamfer（倒角）

选择第一条直线或［放弃（U）/多段线（P）/距离（D）/角度（A）/修剪（T）/方式（E）/多个（M）］：D 回车

指定第一个倒角距离 <1.0000>：3 回车

指定第二个倒角距离 <1.0000>：3 回车

重复指令把倒角距离改成 2，完成 B 处倒角，倒角后连接倒角直线。

单击修改工具栏中 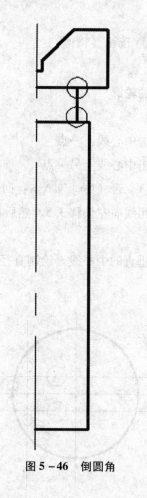 按钮（倒圆角按钮），在如图 5-46 所示的地方进行倒圆角。

图 5-46　倒圆角

命令：_ fillet（倒圆角）

选择第一个对象或［放弃（U）/多段线（P）/半径（R）/修剪（T）/多个（M）］：t 回车

输入修剪模式选项［修剪（T）/不修剪（N）］<不修剪>：t 回车

选择第一个对象或［放弃（U）/多段线（P）/半径（R）/修剪（T）/多个

（M）］：r 回车

指定圆角半径 <3.0000 >：3 回车

选择第一个对象或［放弃（U）/多段线（P）/半径（R）/修剪（T）/多个（M）］：选择需要倒圆角的第 1 条直线

选择第二个对象：选择需要倒角的第 2 条直线

重复命令完成多次倒角。

输入偏移命令将底部粗线向上偏移 90；重复命令再次向上偏移 10。再次输入偏移命令将右边最长粗线向左偏移 2，然后将其更改为细实线。

5. 镜像

倒完角后，单击修改栏中 按钮（镜像）。

命令：_ mirror 回车

选择对象：框选所有选择的轮廓

单击鼠标右键

指定镜像线的第一点：单击中心线上一点

指定镜像线的第二点：单击中心线上另一点

要删除源对象吗？［是（Y）/否（N）］<N >：回车

输入偏移命令将右边最长粗线向左偏移 3.5，然后将其更改为虚线。

6. 绘制截面图

设中心线为当前层，绘制垂直的中心线。绘制直径为 30 的圆，修剪如图 5 - 47 所示圈出的直线。

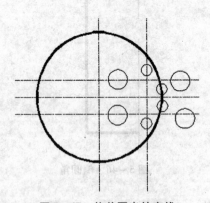

图 5 - 47　修剪圈出的直线

设置细线为当前现线层，以相同圆心画直径 26 的三分之一圆并修剪多余部分，如图 5 - 48 所示。

单击绘图工具栏中 （图案填充）按钮，弹出"图案填充和渐变色"对话框后，

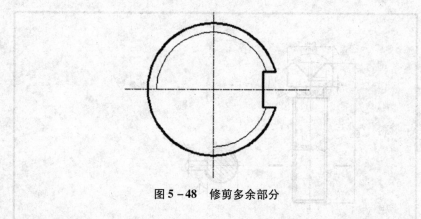

图 5-48 修剪多余部分

单击 [ANGLE ▼]，在里面选择 [ANSI31]（剖面线），然后单击 [🔳] 拾取所需添加剖面线的区域，拾取完成后单击回车，点击 [确定] 完成剖面线。

7. 完成螺杆零件图其他内容

标注尺寸的操作方法参见第 4 章。

标注尺寸结果，如图 5-49 所示。

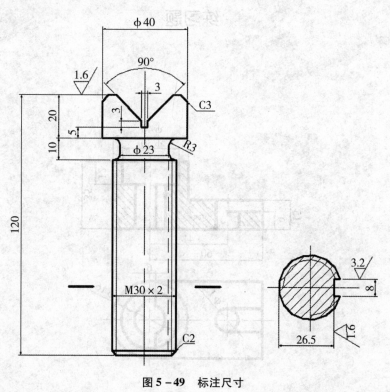

图 5-49 标注尺寸

在样板图中用文字输入法输入"技术要求"和"粗糙度"，整个零件图如图 5-50 所示。

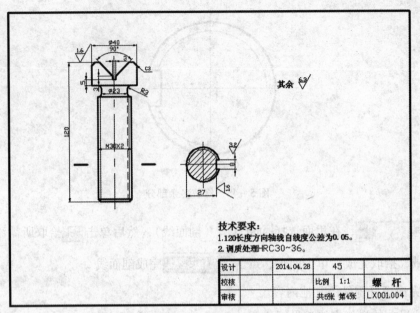

技术要求:
1. 120长度方向轴线自线度公差为0.05。
2. 调质处理HRC30~36。

设计		2014.04.28	45		
校核			比例	1:1	**螺　杆**
审核			共5张 第4张	LX001.004	

图 5 - 50　螺杆零件图

练习题

习题一:

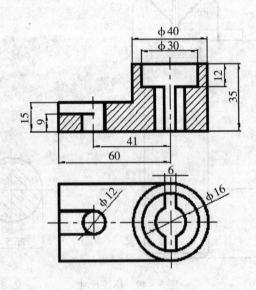

习题二：

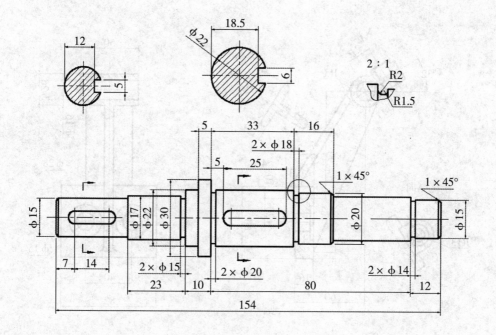

习题三：

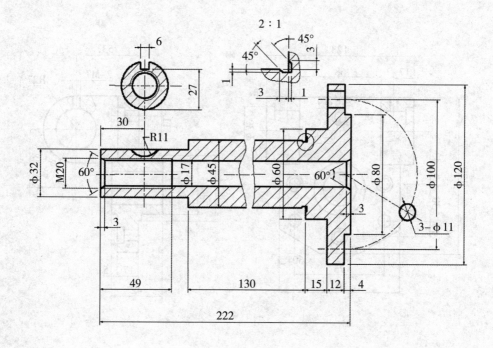

习题四:

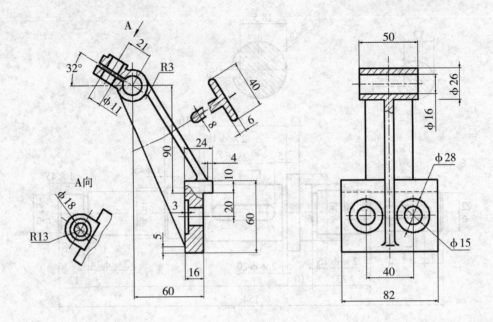

习题五:

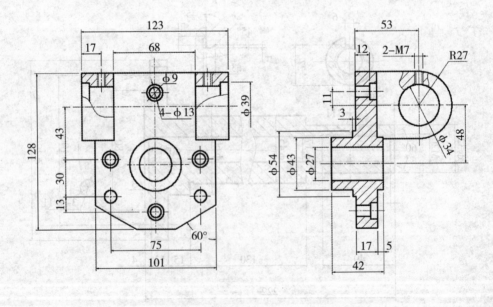

习题六：

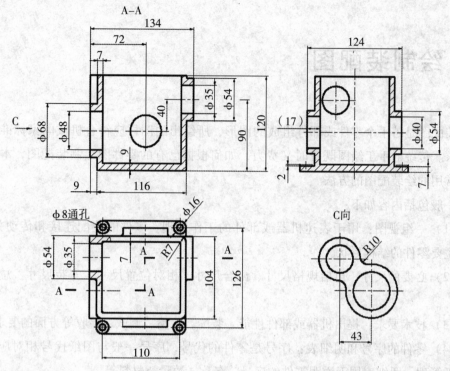

习题七：

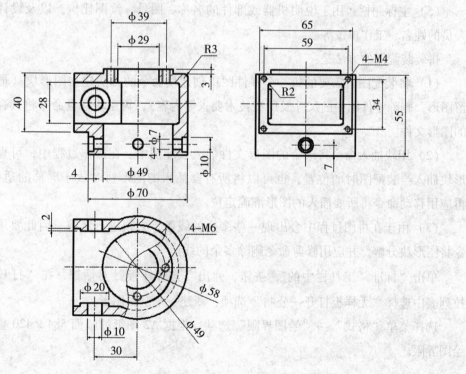

6 绘制装配图

装配图是若干个零件或部件组成的图形，所绘出的图样应符合机械国家标准的有关要求。传统的手工绘图既费时又费力，如何根据已有的零件图绘制装配图，本章将介绍常用的绘装配图的方法。

一般包括内容如下：

（1）一组视图：用于表达机器或部件的工作原理、零件的装配连接和传动关系，以及主要零件的结构形状。

（2）必要的尺寸：包括规格尺寸、配合尺寸、相对位置尺寸、安装尺寸、总体尺寸等。

（3）技术要求：提出机器或部件性能、装配、检验、调试、验收等方面的要求。

（4）零件的序号和明细表：序号是零件的代号，序号一般与图纸代号相对应，便于图纸管理；明细表用于说明零件的序号、名称、数量、材料等。

（5）主标题栏：用于说明机器或部件的名称、图号、绘图比例，以及设计、审核人员的姓名、工作单位等。

拼装装配图的方法是：

（1）将装配图所需要的每一个零件图用创建块命令的方法建立图形块（最好只保留图形，删除零件图中的尺寸及所有技术要求等内容），再用块存盘命令将其存为单个的图形文件。

（2）用块插入命令将单个的图形文件插入装配图中。在操作过程中，可直接将图形块插入绘装配图时的位置，也可以将所有要插入的图形暂时放于屏幕的适当位置，再应用移动命令将所要插入的图形准确定位。

（3）由于在拼图过程中会出现一些多余的线条，必须进行修剪。因此要用分解命令将图形块分解，并应用修剪命令删除多余的线。

单击"标准"工具栏中的□按钮，弹出"选择样板"对话框，在"打开"的下拉列表中选择"无样板打开—公制"选项，新建一个空白图形。

选择菜单"格式"→"绘图界限"选项，根据 A2 图纸的幅面 584×420 重新设置绘图界限。

6.1 插入零件图

选择菜单"文件"→"另存为"选项，将图形命名保存为"可调支座.dwg"。单击绘图工具栏中"插入"再单击 🔲 **块(B)** 按钮，系统弹出"插入"对话框，单击 **浏览(B)...** 按钮，系统弹出"选择图形文件"对话框，根据零件图保存的路径，打开保存零件图的文件夹，如图6-1所示。

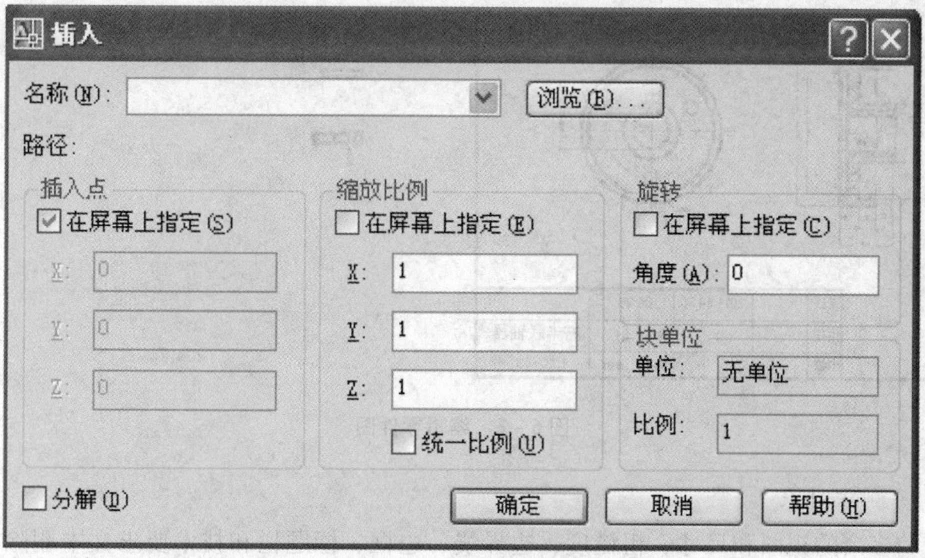

图6-1 "插入"对话框

例如要将左半联轴器零件图插入，可在"选择图形文件"的文件夹列表中双击"左半联轴器"或选中"左半联轴器"后单击 **打开(O) ▼** 按钮，返回"插入"对话框。单击 **确定** 按钮，在绘图区适当位置点击，左半联轴器零件图便插入到联轴器图形中。

重复上述操作，即可将绘图的所有零件图插入到联轴器图形中。

6.2 编辑零件图

由于零件图是作为块插入，所以，要对零件图进行编辑，必须先利用分解命令将零件图块分解。单击修改工具栏中的 🔳 （分解）按钮，选择对象后单击回车一次完成分解。重复操作完成多次分解，如图6-2所示。

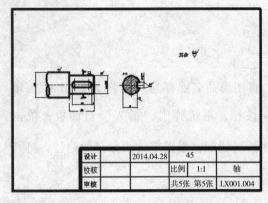

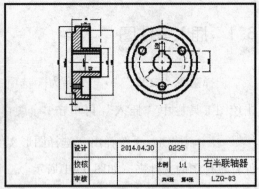

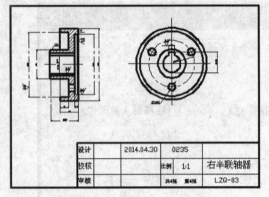

图 6-2　编辑零件图

1. 删除对象

将多余的视图和尺寸、粗糙度、边界线、边框、标题栏和技术要求文本删除。由于绘制联轴器是从 A2 样板图形开始绘制的，故保留其边界线、边框和标题栏。

2. 移动视图

利用移动命令调整保留下来的零件视图的位置。

移动方法：框选需移动的图样后单击鼠标右键，弹出对话框后单击 ✛ **移动(M)** 按钮即可进行移动。

6.3　拼装零件图

拼装视图就是将图的零件视图按照装配关系移到一起。拼装视图的关键是将视图移到其对应点处，对应点是指能够确定零件间相对位置的点，也是启动移动命令后需要指定的移动基点和位移第二点（目标点），如图 6-3 所示。

拼装并修剪，结果如图 6-4 所示。

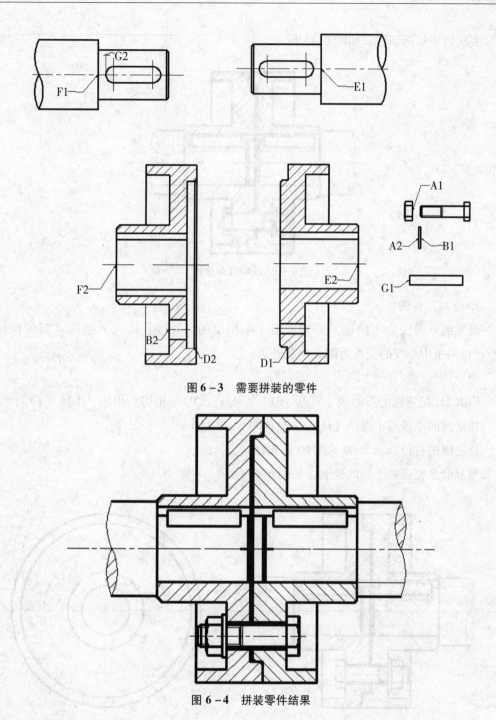

图 6-3 需要拼装的零件

图 6-4 拼装零件结果

6.4 编辑左视图

1. 绘制样条曲线，并进行图案填充

单击绘图工具栏中的 ～ 按钮（样条曲线）进行绘制，绘制完成后修剪多余曲线。

完成后添加剖面线，如图 6 - 5 所示。

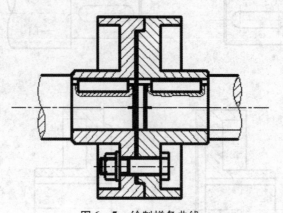

图 6 - 5 绘制样条曲线

2. 绘制左视图

设置细点画线为当前层，绘制两根十字相交的中心线，输入 c 空格（圆的快捷键），以两条中心线的交点为圆心绘制外圆。

命令：c 空格

CIRCLE 指定圆的圆心或 ［三点（3P）/两点（2P）/相切、相切、半径（T）］：

指定圆的半径或 ［直径（D）］ <3. 1400 >：d 回车

指定圆的直径 <6. 2800 >：100 回车

重复命令完成多个圆的绘制，如图 6 - 6 所示。

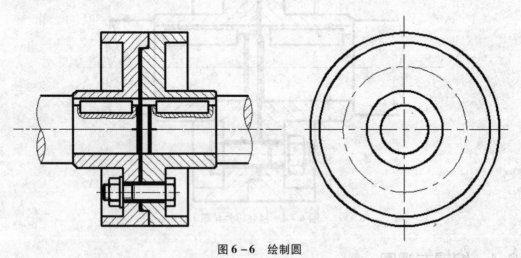

图 6 - 6 绘制圆

将如图 6 - 7 所示位置作为中心点绘制圆。

3. 绘制螺纹

单击绘图工具栏中 ⬠ 按钮（多边形），以圆心为中点绘制六边形，命令如下。

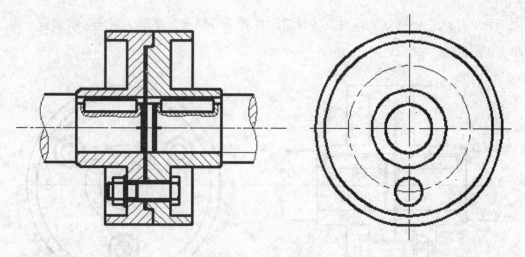

图 6 – 7　绘制多个圆

命令：_ polygon 输入边的数目 ＜4＞：6

指定正多边形的中心点或［边（E）］：点击螺纹孔中心点

输入选项［内接于圆（I）／外切于圆（C）］＜I＞：I

指定圆的半径：捕捉圆心

再次重复圆形命令将剩下圆绘制完成，如图 6 – 8 所示。

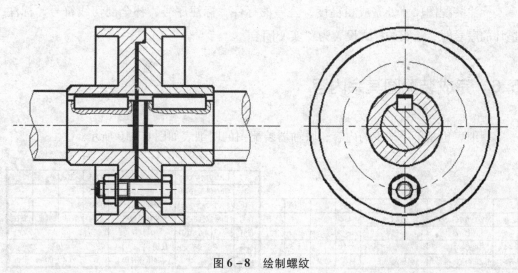

图 6 – 8　绘制螺纹

4. 阵列螺纹

单击修改栏中 <!-- icon --> 按钮（矩阵）弹出"列阵"对话框，单击 ⊙ 环形阵列(P) 后，再单

击 <!-- icon --> 选择环形矩阵中点，在项目总数 项目总数(I)： [4   ] 中填写矩阵数量，填写

完毕后单击 [X] 选择对象(S) 选择对象。对象选择完毕后回车，弹出"列阵"对话框，再单击 确定 完成矩阵，如图 6 - 9 所示。

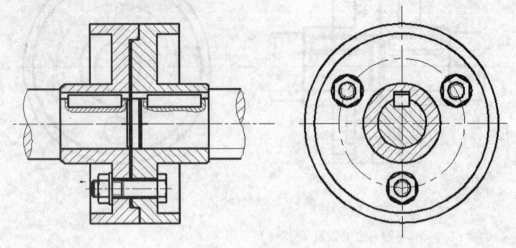

图 6 - 9　绘制阵列螺纹

6.5　标注尺寸

标注装配图尺寸，完成粗糙度、公差的标注，标注序号，补全剖切线符号，标注垫片的序号时，箭头的样式设置为"实心闭合"。

6.6　完成装配图其余内容

明细表也是不可缺少的内容，联轴器装配图的明细表如图 6 - 10 所示。

3	GB/T97.1–2000	垫圈8	Q235	3		
2	GB/T6170–2000	螺母M8	Q235	3		
1	GB/T5782–2000	螺栓M8X35	Q235	3		
序号	图号或标准号	名称及规格	材料	数量	重量	备注
设计		2007.10.01	（材料）			
校核			比例	1：1	联轴器	
审核			共4张　第1张		LZQ–00	

7	LZQ–03	右半联轴器	Q235	1		
6	GB/T 1096–1997	镀8X28	45	2		
5	LZQ–02	轴	45	2		
4	LZQ–01	左半联轴器	Q235	1		
序号	图号或标准号	名称及规格	材料	数量	重量	备注

图 6 - 10　联轴器装配图明细表

需要完成其他内容包括：标注序号，填写明细表，输入技术要求文本，填写主标题栏。完成后如图 6 - 11 所示。

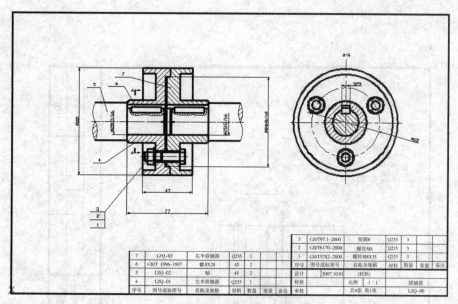

图 6－11　联轴器装配图

3	GB/T97.1~2000	垫圈8	Q235	3		
2	GB/T6170~2000	螺母M8	Q235	3		
1	GB/T5782~2000	螺栓M8X35	Q235	3		
序号	图号或标准号	名称及规格	材料	数量	重量	备注
设计		2007.10.01	（材料）			
校核			比例　　1:1		联轴器	
审核			共4张 第1张		LZQ-00	

7	LZQ-03	右半联轴器	Q235	1		
6	GB/T 1096-1997	键8X28	45	2		
5	LZQ-02	轴	45	2		
4	LZQ-01	左半联轴器	Q235	1		
序号	图号或标准号	名称及规格	材料	数量	重量	备注

练习题

习题一：把第 5 章的零件图绘制成装配图

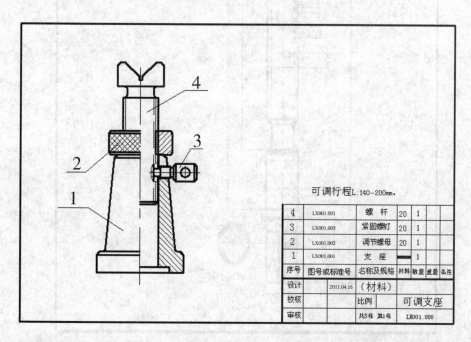

可调行程L:140~200mm.

4	LX001.001	螺杆	20	1		
3	LX001.005	紧固螺钉	20	1		
2	LX001.002	调节螺母	20	1		
1	LX001.001	支座				
序号	图号或标准号	名称及规格	材料	数量	重量	备注
设计		2011.04.16	（材料）			
校核			比例		可调支座	
审核			共5件 第1件		LX001.000	

习题二：绘制丝杠、动掌、圆螺钉、滑块、钳口、底座、垫圈等零件图，并绘制虎钳装配图

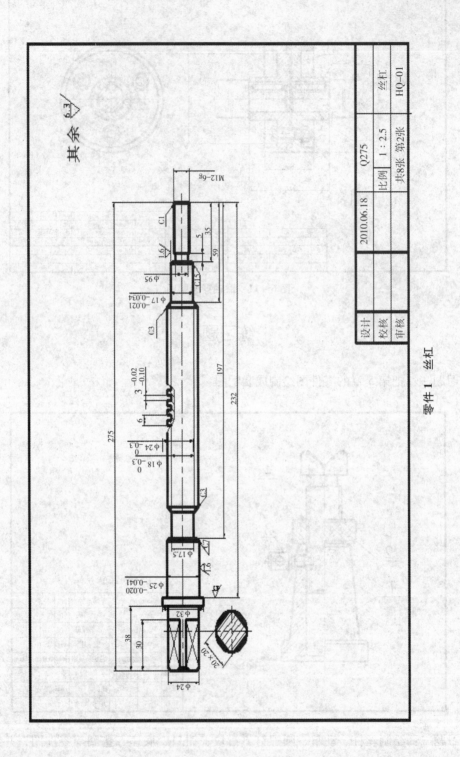

零件1 丝杠

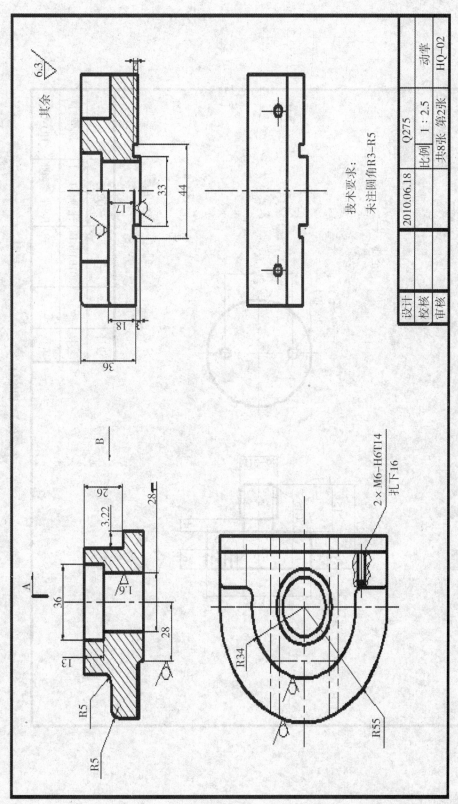

技术要求：
未注圆角R3-R5

设计		2010.06.18		Q275	动掌
校核			比例	1：2.5	HQ-02
审核			共8张	第2张	

零件 2 动掌

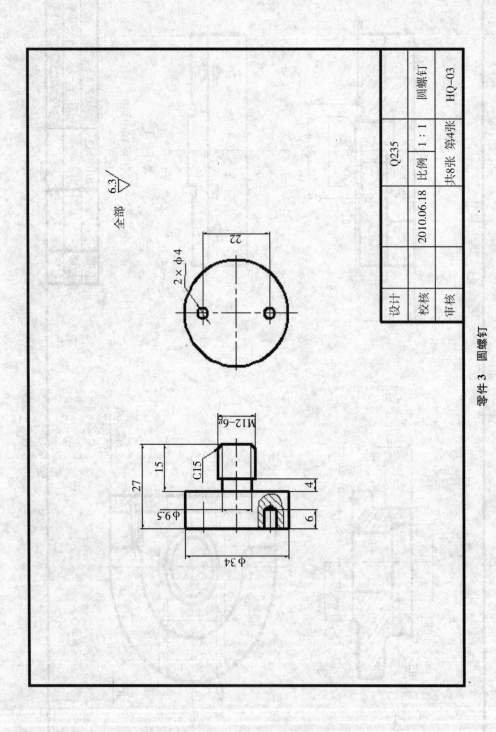

设计		2010.06.18		Q235		圆螺钉
校核				比例	1：1	HQ-03
审核				共8张	第4张	

全部 6.3

2×φ4

22

M12-6g

C15

15

27

φ9.5

4

6

φ34

零件 3　圆螺钉

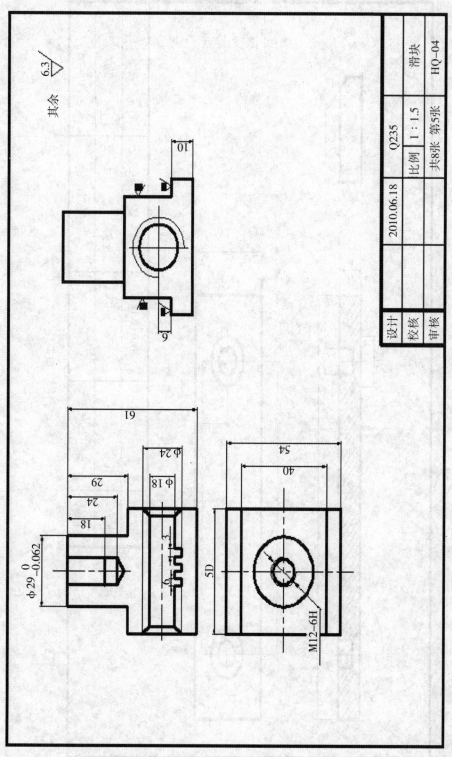

零件 4 滑块

		滑块	HQ-04
	Q235	1：1.5	共8张 第5张
	2010.06.18		
设计			
校核			
审核			

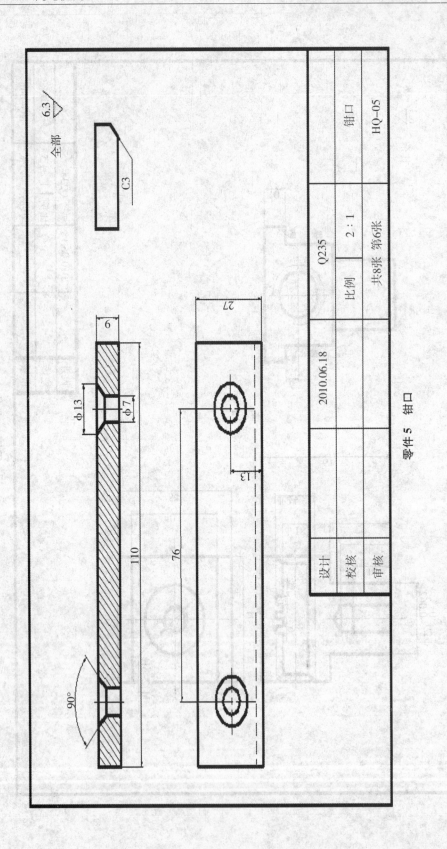

零件 5 钳口

设计		2010.06.18	Q235		钳口
校核			比例	2：1	HQ-05
审核			共8张	第6张	

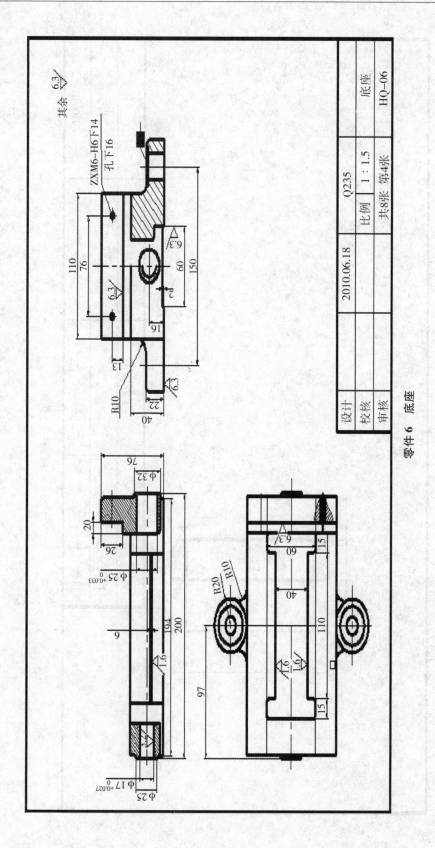

零件 6　底座

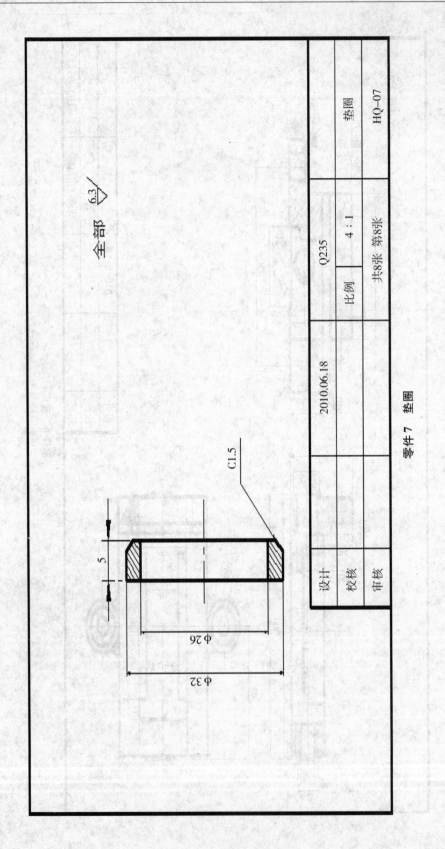

零件 7　垫圈

设计		2010.06.18			Q235		垫圈
校核					比例	4：1	HQ-07
审核					共8张 第8张		

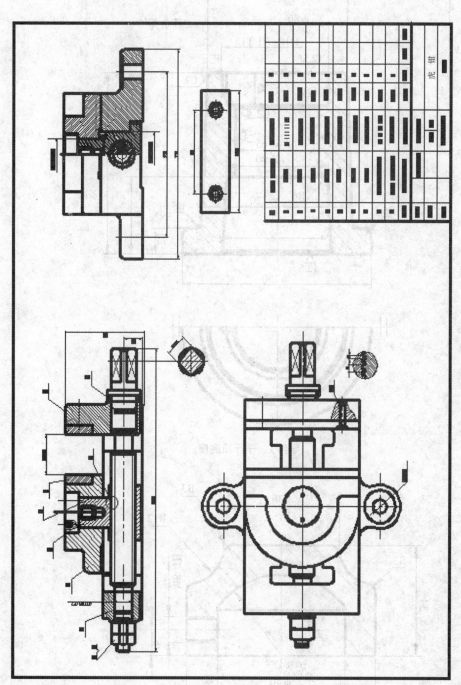

零件 8　虎钳

习题三：绘制零件图，并组装装配图

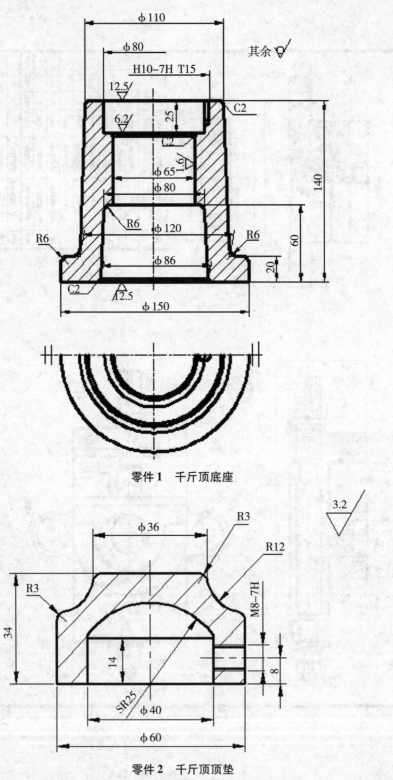

零件1　千斤顶底座

零件2　千斤顶顶垫

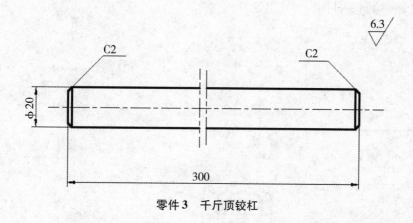

零件3 千斤顶铰杠

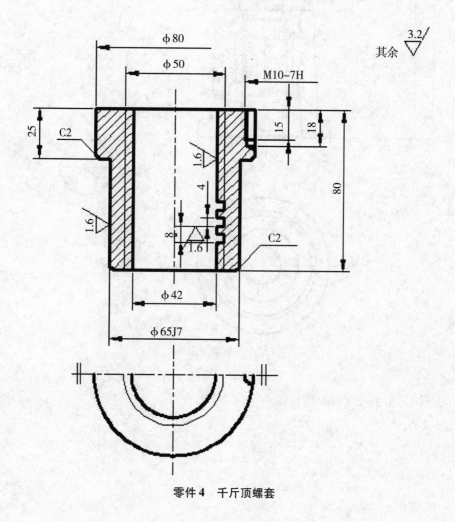

零件4 千斤顶螺套

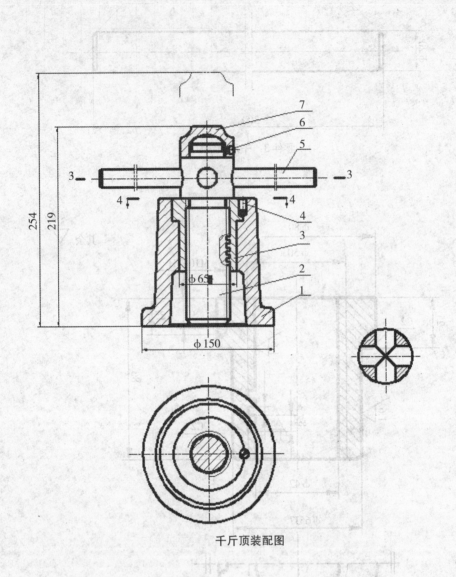

千斤顶装配图

习题四：由装配图拆画零件图

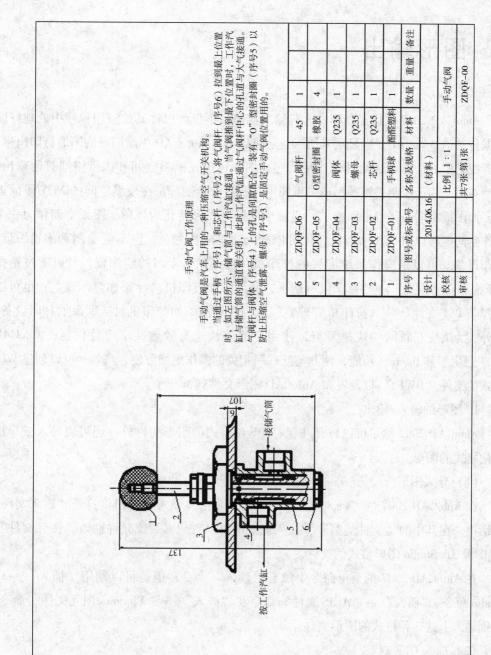

手动气阀工作原理

手动气阀是汽车上用的一种压缩空气开关机构。

当通过手柄（序号1）和芯杆（序号2）将气阀杆（序号6）拉到最上位置时，如左图所示，储气筒与工作气缸接通。当气阀推到最下位置时，工作汽缸与储气筒的通道被关闭，此时工作汽缸通过气阀杆中心的孔道与大气接通。气阀杆与阀体（序号4）上的孔是间隙配合，装有"O"型密封圈（序号5）以防止压缩空气泄露。螺母（序号3）是固定手动气阀位置用的。

6	ZDQF-06	气阀杆	45	1	
5	ZDQF-05	O型密封圈	橡胶	4	
4	ZDQF-04	阀体	Q235	1	
3	ZDQF-03	螺母	Q235	1	
2	ZDQF-02	芯杆	Q235	1	
1	ZDQF-01	手柄球	酚醛塑料	1	
序号	图号或标准号	名称及规格	材料	数量	重量	备注
设计	2014.06.16	（材料）			手动气阀	
校核		比例 1:1				
审核		共2张 第1张				ZDQF-00

7 图形输出

    AutoCAD 2007 提供了图形输入与输出接口，不仅可以将其他应用程序中处理好的数据传送给 AutoCAD，以显示其图形，还可以将在 AutoCAD 中绘制好的图形打印出来，或者把它们的信息传送给其他应用程序。图形可以在模型空间和图纸空间打印输出。模型空间是用于绘制三维图形或二维图形，所有的绘制都是在模型空间的 XOY 平面进行。而图纸空间是二维平面空间，是将空间绘制图形转化为视图。图纸空间作为一个工作空间，可以进行尺寸标注，也可以插入边框和标题栏，但不能绘制和编辑图形。打印设备既可以是操作系统配置的打印机，也可以是专门的绘图仪。可以通过选择"开始"→"设置"→"打印机"选项，利用添加打印机向导添加打印设备；也可以选择菜单"文件"→"打印机管理器"选项，利用添加打印机对话框添加打印设备。此外，为适应互联网的快速发展，使用户能够快速有效地共享设计信息，AutoCAD 2007 强化了其 Internet 功能，使其与互联网相关的操作更加方便、高效，可以创建 Web 格式的文件（DWF），以及发布 AutoCAD 图形文件到 Web 页。

    1. 图形的输入/输出

    AutoCAD 2007 除了可以打开和保存 DWG 格式的图形文件外，还可以导入或导出其他格式的图形。

    （1）导入图形

    在 AutoCAD 2007 的"插入点"工具栏中，单击"输入"按钮将打开"输入文件"对话框。在其中的"文件类型"下拉列表框中可以看到，系统允许输入"图元文件"、ACIS 及 3D Studio 图形格式的文件。

    在 AutoCAD 2007 的菜单命令中没有"输入"命令，但是可以使用"插入"→3D Studio 命令、"插入"→"ACIS 文件"命令及"插入"→"Windows 图元文件"命令，分别输入上述 3 种格式的图形文件。

    （2）插入 OLE 对象

    选择"插入"→"OLE 对象"命令，打开"插入对象"对话框，可以插入对象链接或者嵌入对象。

    （3）输出图形

    选择"文件"→"输出"命令，打开"输出数据"对话框。可以在"保存于"下拉列表框中设置文件输出的路径，在"文件"文本框中输入文件名称，在"文件类型"下拉列表框中选择文件的输出类型，如图元文件、ACIS、平版印刷、封装 PS、DXX 提取、位图、3D Studio 及块等。

设置了文件的输出路径、名称及文件类型后，单击对话框中的"保存"按钮，将切换到绘图窗口中，可以选择需要以指定格式保存的对象。

2. 创建和管理布局

在 AutoCAD 2007 中，可以创建多种布局，每个布局都代表一张单独的打印输出图纸。创建新布局后就可以在布局中创建浮动视口。视口中的各个视图可以使用不同的打印比例，并能够控制视图中图层的可见性。

3. 输出、打印与发布图形

（1）打印预览

在打印输出图形之前可以预览输出结果，以检查设置是否正确。例如，图形是否都在有效输出区域内等。选择"文件"→"打印预览"命令（PREVIEW），或在"标准"工具栏中单击"打印预览"按钮，可以预览输出结果。

AutoCAD 将按照当前的页面设置、绘图设备设置及绘图样式表等在屏幕上绘制最终要输出的图纸。

（2）输出图形

在 AutoCAD 2007 中，可以使用"打印"对话框打印图形。当在绘图窗口中选择一个布局选项卡后，选择"文件"→"打印"命令打开"打印"对话框。

4. 发布 DWF 文件

DWF 文件可在任何装有网络浏览器和 AutodeskWHIP！插件的计算机中打开、查看和输出。

DWF 文件支持图形文件的实时移动和缩放，并支持控制图层、命名视图和嵌入链接显示效果。

DWF 文件是矢量压缩格式的文件，可提高图形文件打开和传输的速度，缩短下载时间。以矢量格式保存的 DWF 文件，完整地保留了打印输出属性和超链接信息，并且在进行局部放大时，基本能够保持图形的准确性。

7.1　页面设置

在打印文件之前必须进行页面设置。

打开要打印的图形文件，选择菜单"文件"→"页面设置管理器"选项，系统弹出如图 7 - 1 所示的"页面设置管理器"对话框，利用该对话框可以进行页面设置和管理。

　　对话框的上方当前的布局为模型空间，单击"新建"按钮，弹出如图7－2所示的"新建页面设置"对话框。

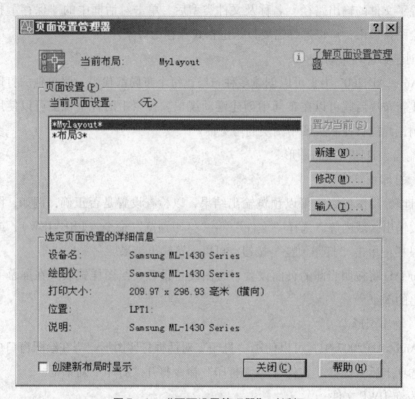

图7－1　"页面设置管理器"对话框

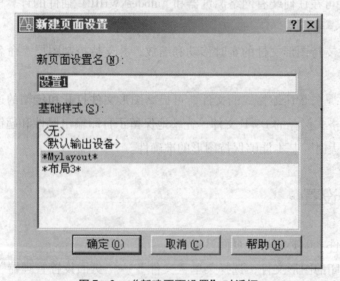

图7－2　"新建页面设置"对话框

在"新页面设置名"文本框输入相应的名称，单击"确定"按钮，弹出如图 7 - 3 所示"页面设置—模型"对话框。

图 7 - 3   "页面设置—模型"对话框

对话框包括以下选项栏：

（1）"打印机/绘图仪"选项栏：通过名称下拉菜单选择使用的打印设备。

（2）"图纸尺寸"选项栏：选择图纸尺寸大小。

（3）"打印区域"选项栏：用于设置打印范围。其中"窗口"选项是表示打印用户矩形框内的图形；"范围"选项表示打印全部图形；"图形边界"选项表示打印图形界线内的图形；"显示"选项表示打印在屏幕上显示的图形。

（4）"打印比例"选项栏：用于选择相应的比例打印图纸，可以使选择下拉菜单中的打印比例，也可以在文本框内输入自定义比例。

（5）"打印偏移"选项栏：用于调整图形在图纸上的位置。选中"居中打印"复选框，表示图形在图纸的中央。"X""Y"文本框用于设置打印区域相对于图纸的左下角的横向和纵向偏移量。

（6）"打印样式表"选项栏：用于选择打印样式表，用户既可以从打印样式的下拉列表框中选择系统提供的打印样式，也可以在下拉列表中选中"新建"选项，创建新的打印样式。

（7）"图形方向"选项栏：用于选择图纸打印方向。选中"纵向"表示图纸纵向打印；选中"横向"则表示图纸横向打印，并在右边显示。

（8）"着色视口选项"选项栏：用于在布局选项卡上进行视口的设置。

（9）"打印选项"选项栏：用于选择打印的方式。"打印对象线宽"表示图形按照事先图层设置的线宽打印；"按图样打印"表示按照图层中设置的打印样式打印。

完成以上设置后，单击"确定"按钮，弹出"页面设置管理器"对话框，在"当前页面设置"显示框中显示出新建的页面设置"A4 页面设置"，如图 7-4 所示。

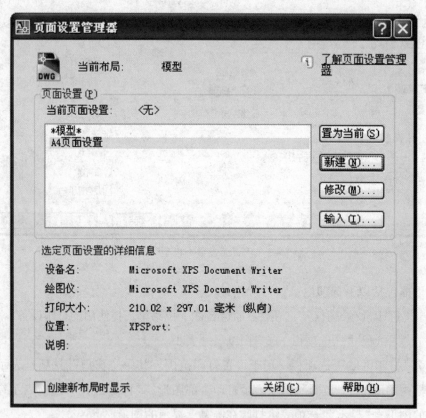

图 7-4　设置完后的页面设置管理器

单击"置为当前"按钮，表示选中的页面设置为当前。

单击"修改"按钮，表示可对页面设置进行修改。

点击"输入"按钮，表示可以对其他图形文件的页面设置进行打印。

7.2   打印输出

打开想要打印的图形，点击"文件"→"打印"，弹出"打印—模型"对话框，如图 7 - 5 所示。（前面已经说过，这里不再重复）

图 7 - 5   "打印—模型"对话框

打印预览：如 Word 一样，在打印设置之后将对图形进行打印预览，达到用户要求之后可进行正式打印。

打印的方法：

（1）单击"标准"工具栏中的 🔍 按钮。

（2）选择菜单"文件"→"打印预览"选项。

（3）命令 PREVIEW。

在模型空间打印预览，如不满足用户要求，则应修改页面设置，可以在前面介绍的页面设置中改变 X、Y 的偏移量即可。在预览情况下，光标会变成实时放大图标，即可以对预览图形进行实时放大，如图 7 - 6 所示。

打印完毕后，按 ESC 键或按回车键，或单击鼠标右键，在弹出的打印预览快捷菜单中选择"退出"选项即可。

如在布局中预览，需要调整视口的大小和图形的显示比例。

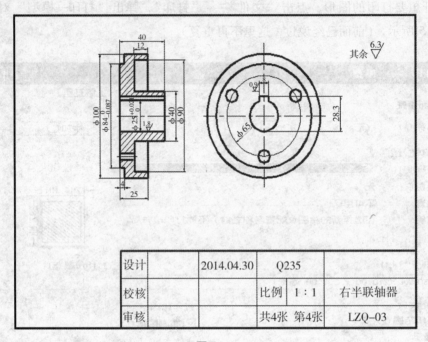

设计		2014.04.30	Q235	
校核		比例	1：1	右半联轴器
审核		共4张 第4张		LZQ-03

图 7 – 6

参考文献

［1］张永茂. AutoCAD 2007 中文版机械绘图实用教程［M］. 北京：机械工业出版社，2008.

［2］刘小群. AutoCAD 2005 机械制图与实训教程［M］. 北京：机械工业出版社，2007.

［3］张永茂. AutoCAD 2008 中文版机械绘图实例教程［M］. 北京：机械工业出版社，2008.

［4］姜勇. AutoCAD 二维绘图实例详解［M］. 北京：人民邮电出版社，1999.

［5］王幼龙. 机械制图［M］. 北京：高等教育出版社，2007.